职业教育园林园艺类专业系列教材

园林美术

主　编　高　钰

副主编　叶奕辰　高　昭

参　编　许永伟　朱东升　赵泽亮

　　　　还艳枝　还梅枝

机械工业出版社

"园林美术"作为园林类专业的美术课,旨在培养未来的园林设计师和规划师所必须具备的绘画、造型、艺术审美能力,使设计师能够通过绘画,正确表达园林设计意图。本书结合园林类专业的课程设置,旨在设计一套有效的教学方法,采用理论、范图、视频操作相结合的模式,使非艺术类学生快速提升审美和绘画技巧,并将所受训练在同专业其他课程中发挥作用。本书在训练绘画技法的基础上,主要针对园林景观职业需求,培养审美情趣;学习园林设计所需要的表达方法,包括常用工具及其使用方法、常用景观元素及其组合的绘制方法。

为方便教学,本书配有电子课件、微课视频、教案、习题及习题答案等教学资源。凡使用本书作为授课教材的教师,均可登录www.cmpedu.com下载资源。如有疑问,请拨打编辑电话010-88379375。

图书在版编目(CIP)数据

园林美术 / 高钰主编. -- 北京:机械工业出版社,
2024. 10. -- (职业教育园林园艺类专业系列教材).
ISBN 978-7-111-76777-0

Ⅰ. TU986.1

中国国家版本馆 CIP 数据核字第 20241VG465 号

机械工业出版社(北京市百万庄大街22号 邮政编码100037)
策划编辑:陈紫青   责任编辑:陈紫青
责任校对:郑 婕 王 延   封面设计:马精明
责任印制:邵 敏
中煤(北京)印务有限公司印刷
2025年1月第1版第1次印刷
210mm×285mm · 9.5印张 · 246千字
标准书号:ISBN 978-7-111-76777-0
定价:45.00 元

电话服务   网络服务
客服电话:010-88361066   机 工 官 网:www.cmpbook.com
        010-88379833   机 工 官 博:weibo.com/cmp1952
        010-68326294   金 书 网:www.golden-book.com
封底无防伪标均为盗版   机工教育服务网:www.cmpedu.com

前 言
PREFACE

本书根据我国多数高等职业院校现行美术教学的有关内容与学生实际情况编写。作为园林类专业的美术课，它有别于一般艺术院校的绘画教学，它不是以培养画家或美术工作者为目的，而是以培养未来的园林设计师和规划师所必须具备的绘画、造型、艺术审美能力，和正确表达园林设计意图为宗旨而设置的专业基础课。本书旨在设计一套有效的教学方法，使非艺术类学生快速提升审美和绘画技巧，并将所受训练在同专业其他课程中发挥作用。园林美术教育源远流长，漫长的历史和丰富多彩的艺术教育使这门课形成了独特的体系，其内涵和外延范围甚广。

本书针对"园林美术"课程的难点进行了研究并有所突破。在理论上和实际教学中对园林美术存在着不同的认识和理解，各院校的学制不一，教学计划、学时与内容也不尽相同，但园林美术教学却有其共性，其基本精神和要求一致。编者本着转益多师、博采众长的精神，力求从众多的教学实践中吸取其成功的经验，在有限的文字中反映本学科的新成就。

本书除了吸收传统的美术教材写作手法外，还具有以下特色。

1. 根据园林类专业的核心能力设计模块

本书对园林类专业的专业课所需的能力进行分解，将其中需要共同掌握的能力确定为核心能力，从而确定基础与核心课程模块。本书共三大部分、七大模块，阐述了园林美术和美术的关系，以及美术对于园林类专业的重要性。其中，素描部分培养学生具有初步的审美能力、观察能力和造型能力；色彩部分帮助学生认识色彩规律，把握色彩性能和色彩调配能力，该部分内容的重点放在简单、快速的淡彩风景表现技法上，为将来设计园林景观效果图打下基础；构成部分旨在了解构成的形态元素和构成形式法则，学会构成设计原理和图案在园林设计中的运用。

2. 在有限的课时中精心设计绘画内容

"园林美术"课程以园林所需实物造型特点为主，将传统的石膏像、静物绘制变为简单石膏体与园林写生相结合，并且增加了植物、山石、水体、铺地、园林小品、建筑的写生。

本书的编排顺序即为传统绘画学习的顺序，由基础到晋级，由简单到复杂，由素描到色彩，由铅笔到钢笔。根据园林类专业的实际工作内容，在色彩的教学中将传统的水粉改为工作中主要使用的媒介：彩色铅笔和马克笔。有一定美术基础或有兴趣的同学，还可以进一步学习难度较高的水彩画，这项技法将在钢笔淡彩效果图中发挥重要作用。

素描是绘画的基础，任何彩色的绘画都可以看成是用颜料描绘素描。读者在使用本书时，可以按照教材编排顺序学习，并根据步骤插图和视频，练习各个不同主题的作业；也可以根据个人的特殊情况选择其中部分内容学习，对自己感兴趣的主题或者技法进行单独深入的研究。

3. 在技能讲解中融入职业素质培养

本书除了模块七外，其余模块各分为三个单元。单元一为基础知识，讲述该类绘画所用的工具以及基础的绘画技法。单元二为范图演示，学生可以根据视频及绘画步骤临摹范图。单元三为赏析，这一单元为读者提供了更多的绘画作品并进行分析。在建设高度的社会主义物质文明和精神文明中，作为一个园林类专业合格的学生，除具备必要的绘画表现技能外，还应具有高尚的道德品格、广博的美术知识和艺术素养。因此，本书在设计应有的教学内容外，适当增加了职业素质培养、艺术鉴赏方面的内容，这有利于培养和提高学生的审美能力和树立正确的审美观与人生观。

本书编写分工如下：前言、绪论、模块七由高钰编写；模块一由高钰、叶奕辰、赵泽亮、还梅枝编写；模块二由朱东升编写；模块三由还艳枝编写；模块四由高钰、叶奕辰、赵泽亮编写；模块五由高昭编写；模块六由许永伟编写；高钰对全书进行了统稿

此外，提供部分作品、绘画范图、绘制过程的老师还有柳毅、邵黎明、王洁、王泉泉、温风、孟祥雷、边弘扬、方寸、马行、郝绍豪、王美达；提供学生作品的学生有王婷婷、刘雅莹、王小花、王宝华、瞿磊、许馨、张亚旭、毕城林、伦心彤、江沙亚、郭慧、何柳莹、姜博洋、唐平川、李心蕊、喻轩。

衷心感谢以上老师与学生的大力支持。之所以组建如此庞大的团队，是因为编者几十年一贯的编书原则——教材呈现出的质量要高于每位编者的个人能力，集体的力量是教材的支撑。此外，由于美术教材的范图众多，单一老师的风格会被学生复制和降级重复，学习美术必须见多识广，集众家所长，才能学出自己的风格，达到"青出于蓝而胜于蓝"的效果。

编　者

二维码视频列表

序号	模块	单元	内容	二维码	页码
1-1	模块一	单元一	铅笔素描排线练习		11
1-2	模块一	单元一	炭笔素描线条练习		11
1-3	模块一	单元二	立方体素描		15
1-4	模块一	单元二	球体素描		17
1-5	模块一	单元二	风景写生的选景与构图		19
1-6	模块一	单元二	炭笔树木写生		19
1-7	模块一	单元二	炭笔景观速写过程		21
1-8	模块一	单元二	炭条素描风景画示范		22
2-1	模块二	单元一	钢笔工具介绍		28

目录
CONTENTS

第三部分　构　成

绪　论

　　"园林美术"是园林专业中一门很重要的专业基础课，其主要目的是培养学生的审美能力、思维能力及造型创造能力。美术不仅是一门技术，更是一种思想的表达，用图像的方式存在于人们的记忆中，这种记忆源于人们生活的感知和体验，并影响行为与价值观。美术课需要运用教师讲授和学生习作练习的方式，通过素描、色彩、构成等内容的基本训练，熟练运用各类表现技法，使学生初步具备设计过程中快速表现的能力，为专业设计打下良好的造型表现基础。园林美术在训练绘画技法的基础上，主要针对园林景观职业需求，培养审美；学习园林设计所需要的表达内容，包括常用工具及其使用方法、常用景观元素及其组合的绘制方法。如图 0-1 所示，园林美术在绘画体裁上的选择倾向于风景园林。

▲ 图 0-1　园林美术体裁的选择倾向于风景园林　作者：高　钰

　　园林美术不是独立的学科，它是美术与园林设计、植物学、设计表现技法相结合的产物，同时还要服务于园林专业的其他课程教学。它可以让学生用美术创作的形式，来表达相关专业课的学习内容，打破以技能训练为中心的传统教学方法，建立一套能力和素质专题，以项目的形式来完成。图 0-2 为美术与植物课相结合的作业。学生在其他专业课的学习中会自发地考虑如何用"更美"的方式表达，其中包括形体的准确性、色彩的搭配、版面构图、字体设计等等。

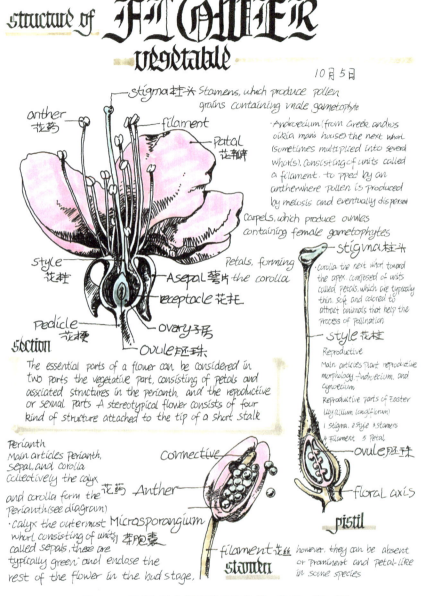

▲ 图 0-2　美术与植物课相结合的作业　作者：高　钰

一、"园林美术"课程设置思路

基于"园林美术"的独特性，它与其他专业课结合得非常紧密。"园林美术"课程的设置思路如下。

（1）对园林专业的专业课所需要的能力进行分解，将其中需要共同掌握的能力确定为核心能力，从而确定基础与核心课程模块。

（2）将园林美术适用于各个具体课程的特殊能力确定为选择性能力，根据学生的兴趣点设计能力与拓展课程模块。

少量核心课程模块和众多能力与拓展课程模块组合成一个专业课程体系（图 0-3）。

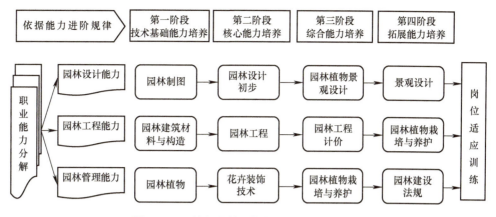

▲ 图 0-3　园林专业基于能力本位的课程规划路线

二、"园林美术"课程难点与解决方案

园林美术课有两大难点。

（1）园林专业属于非艺术类招生，学生艺术基础弱，但理论学习能力强。对此，可利用理科生在美术学习上独特的思维优势，实现科学理论与艺术素质培养的紧密结合，遵循"理性教学—感性学习—综合创作"的培养模式。

（2）课时少，但技能训练需要大量时间。解决方法是将任务内容和成绩评定设置等级，因材施教，避免"一刀切"，让对艺术感兴趣的学生可以得到教师的课外辅导。基于以上理论与难点，"园林美术"课程的模块设计见表 0-1。不同学校的课时量不同，教师可以此作为参考。

表 0-1　"园林美术"课程的模块设计

模块	学时	类型	嵌套专业课	目标技法	训练任务
基础模块	20	课内基础训练	—	素描	石膏体素描
	10	课程衔接配合	设计初步	三大构成	平面构成
	8				色彩构成
	8				立体构成
	14	课后自学辅导	—	钢笔画	线条练习及钢笔画临摹
专业模块	6	辅助专业知识学习	园林植物	钢笔淡彩	针对植物课程绘制插图
	10	"园林美术"作为后续课程	园林制图	彩色铅笔技法	彩色平面图绘制
	8		园林建筑与小品	炭笔写生	建筑及小品写生
	10	"园林美术"作为前导课程	花卉设计技艺	马克笔技法	马克笔淡彩效果图
	4		园林植物景观设计	色彩写生	植物色彩配置
	6				园林元素写生
	8		景观表现技法	钢笔画写生	园林写生
	8		景观设计	空间构图设计	空间采集及设计
拓展模块	10	技能提升	—	素描及钢笔画	临摹素描及钢笔画作品
	8	审美能力	—	摄影与总结	资料收集与展览观摩
	6	艺术修养	园林美学	素质拓展	美育
总计			144 学时		

根据表 0-1 不难发现，模块式嵌套美术课将现有的美术课程体系（素描、色彩）和其他专业课程进行整合，目的在于更好地完成美术技法的学习和应用。

三、"园林美术"课程特点

（1）重点转移。"园林美术"课程以园林所需实物的造型特点为主，因此将传统的石膏像、静物绘制变为简单石膏体与园林写生相结合，增加植物、山石、水体、铺地、园林小品、建筑的写生。

（2）媒介转换。将传统铅笔素描与炭笔园林写生相结合，采用炭笔作为素描向抽象的钢笔画转换；将传统的水彩和水粉学习改为彩色铅笔和马克笔，更好地与园林设计及效果图绘制相结合。

（3）思维方式转换。在传统的临摹与写生训练的基础上加入更多自主设计的分量，潜移默化地提升学生的审美素养，培养构图能力和创新能力，使美术作业变成带有设计成分的个人作品，打破学徒式的初学者模式，激发创造力。根据园林专业的职业需求，学生需要具有整体布局的能力、宏观的构图、透视能力和处理矛盾的能力，因此要求学生不但要练习技法，还要在已有的基础上发挥想象力，进行第二次创造。

在案例教学中，教师以某种植物为主题，要求学生进行标本采集、绘制植物的花叶等形态、进行花艺设计，最终收集该种植物在景观设计中的运用，并绘制效果图（图 0-4）。该作业层层递进，体现美术与其他专业课的一体性。

▲ 图 0-4 植物景观运用层层递进的训练 作者：高 钰

园林美术的关键点在于用科学认知对感性材料进行加工处理，用美术训练有机地与前导专业基础课与后续专业课衔接起来，让美术课既可以成为专业基础课的辅助工具和实践手段，又可以作为后续专业课的技能储备。基础、专业、拓展三个模块中的各项训练，根据所对应的嵌套专业课彼此相连，又可以分为写生、构成、表现手法三条主线，在这三条主线上，训练内容从易到难层层递进。模块—主线—课程环环相扣,形成紧密的美术训练体系。图 0-5 为按主线将表 0-1 的训练任务进行分类,及其和前导及后续专业课的嵌套关系。

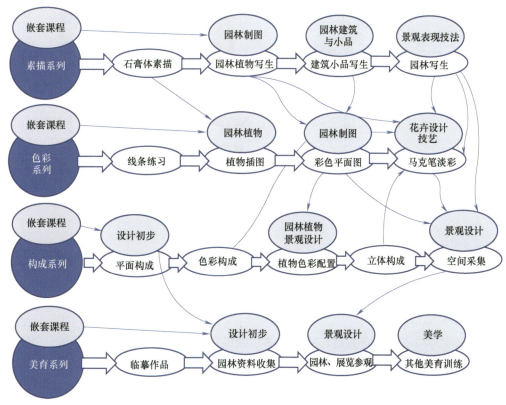

四、"园林美术"与其他课程的衔接

"园林美术"保持了传统美术课的基础训练,但通过与专业课内容衔接,让这些基础技能不再停留在"基本功"的状态,而转化为专业课的隐性能力,使后续的专业课能够更好地进行。

(1)素描系列:压缩石膏体写生课时,素描以园林写生练习为主,与各种植物的季节性变化结合起来,培养学生的观察能力和园林环境的表现能力。

(2)色彩系列:将钢笔、彩色铅笔和马克笔的练习融入专业基础课的学习,以美术的形式完成专业基础课作业,并加强效果图的先行练习,为园林设计的最终图纸表达提供基础。

(3)构成系列:在色彩构成训练后链接植物色彩配置训练,利用色彩构成思路配置植物色彩,为日后的"园林植物景观设计"课程提供理论和美学基础。在立体构成训练后增设园林空间采集,将平面练习与立体创作结合起来,增强学生的空间造型能力。

(4)美育系列:配合素质培养,将课堂练习与艺术鉴赏相结合,加强学生素质的教育。案例教学中的一项实验是训练学生对植物制图的认知,该训练结合美术与园林制图,让学生的大脑对"阔叶乔木"这个信号,条件反射地产生实物图像造型、色彩、平面、立面及素描意象(图 0-6)。这一做法取得了很好的效果,极大地提高了学生园林制图的美观性,并且使其能够主动调动大脑,举一反三,提高学习效率。

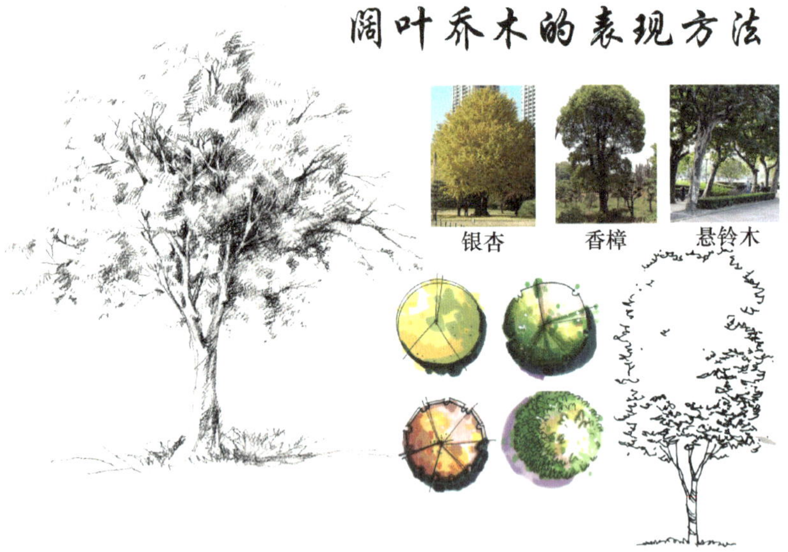

阔叶乔木的表现方法

银杏　　香樟　　悬铃木

▲ 图 0-6　植物的概念认知　作者：高　钰

除了技能上的提高外，本课程也让学生从知识碎片的学习，转变为知识构架式的不断完善，对事物的看法更加整体和全面，使他们能够以全面、发展、联系的观点，提高分析问题、解决问题的能力，培养学生理论联系实际的工作作风。

图 0-7 为案例教学中，富有创造性与挑战性的绘画接龙游戏。第一位学生任意画一个物体，第二位学生以此意象进一步发挥，第三位学生进一步扩展内容绘制新的画面，以此类推。这项作业不仅训练了学生的绘画技巧，而且加强了学生之间的内在纽带，改变他们内在的思维、行为及道德准则，让艺术的魅力投射在每个人身上，帮助学生不断完善脑功能的构建与发展。

▲ 图 0-7　绘画接龙游戏　作者：高　钰

第一部分
素　描

模块一
认识素描

01

【模块概述】

本模块详细阐述素描的概念、绘画工具与材料，并从线条练习入手，由简入繁学习石膏几何体、静物及风景的素描画法。

【知识目标】

（1）了解素描的"三大面"与"五大调"的物理属性。

（2）了解透视的基础知识。

【技能目标】

（1）通过线条训练，掌握素描的基本排线方法。

（2）学习素描的起形与构图。

（3）通过练习绘制石膏几何体（立方体与球体）掌握基础的素描表达方法。

（4）练习静物（水果、陶罐）的素描画法。

（5）练习植物及风景的铅笔素描与炭笔素描画法。

单元一 素描基础知识

一、素描的概念

素描是用单色描绘物体的结构、轮廓、空间、体积、质感等基本造型要素的绘画方法。素描为园林美术学习奠定了十分必要的理论和技能基础。学习素描有助于培养敏锐的观察力，通过用眼睛观察，对物体的结构、形体有较强的认识和把握，从而创作出优秀的作品，同时也锻炼动脑与动手之间的相互协调，培养造型能力，将平凡事物所呈现出的美，用艺术的手法表现出来。在学习过程中切勿心急，应稳扎稳打，循序渐进，由易到难，由简到繁，由浅入深。

素描创作按题材可以分为静物、动物、风景、人物等；按创作时间可以分为速写和长期素描；按绘画工具材料可以分为铅笔、炭笔、钢笔、毛笔、有色粉笔等。

二、素描的工具与材料

素描创作中常用的绘画工具与材料有纸张、炭笔、铅笔、纸笔、橡皮、胶带、削笔刀、画架、画板等。根据创作需要的不同，可以选择不同的工具材料。

1. 纸张

一般情况下，素描时使用的纸张是素描纸（图1-1），无论是铅笔还是炭笔，都非常适合在素描纸上作画。素描纸的特点是具有特殊的纹理，易着色，且质地密实，反复修改、擦拭也不容易起毛。素描纸有不同克数可供选择，120~160克的素描纸较为常用。

2. 笔

➢ 铅笔

铅笔是最常用的素描工具，适合初学者使用。在素描绘画过程中想要表现出丰富的层次，就需要不同型号的铅笔来完成。目前，铅笔的型号，以HB为中界，B为软质铅笔，从B到14B依次递增，数字越大则笔芯越软，颜色越深；H为硬质铅笔，从H到10H依次递增，数字越大则笔芯越硬，颜色越浅，如图1-2所示。在绘画时可以根据画面需求和个人习惯来选择铅笔的型号。

26.5cm
38cm
38cm
53cm

▲ 图1-1 素描纸

> 炭笔

炭笔笔芯的主要成分是木炭粉，由木材烧制而成。炭笔种类有特软、软、中、硬性之分。相比较而言，软性炭笔的笔芯较软，色泽较深，有较强的表现力；中性炭笔的笔芯软硬适中，适合刻画物体的灰面；硬性炭笔的笔芯硬度大，适合表现亮面，如图 1-3 所示。

▲ 图 1-2　铅笔

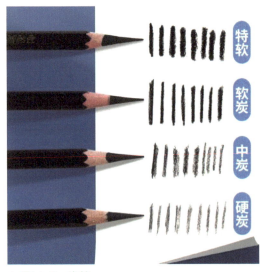

▲ 图 1-3　炭笔

3. 橡皮

素描绘画中，常用到的橡皮有普通美术橡皮和可塑橡皮，如图 1-4 所示。

> 普通美术橡皮

与一般的橡皮相比，普通美术橡皮质地柔软，擦除力度强，不会弄脏纸张。在深入刻画时，还可以将橡皮削出尖角，以便擦出细节。

> 可塑橡皮

可塑橡皮的优势是具有较强的可塑性，可根据需要捏成任意形状，同时它有黏性，可通过吸附石墨，去除画面中的铅笔印记。

4. 画板与画架

> 画板

木质画板的优势是轻便，无论是在画室或外出写生，都适宜携带。根据画幅不同，画板大小有四开、半开、全开等。可以用胶带、工字钉或夹子将纸固定在画板上。选择画板时，应注意其表面的平整度，观察有无凸起或凹陷。

> 画架

画架是用来放置画板的绘画工具，其材质有木质、金属、塑料，可根据个人习惯调节画架的高低及倾斜角度，如图 1-5 所示。

三、素描线条训练

一幅素描作品由千千万万条线组合而成。对于初学者来说，线条训练是十分必要的，素描绘画中的线条非常丰富，线条的轻重变化会形成虚实、主次等变化。在素描绘画中，常见的线条有直线、弧线等，如图 1-6 所示。

▲ 图 1-4 普通美术橡皮和可塑橡皮 ▲ 图 1-5 画板和画架

1-1 铅笔
素描排线
练习

1-2 炭笔
素描线条
练习

▲ 图 1-6 素描中的线条 作者：叶奕辰

　　直线最基本的线条是垂直线和水平线，在画直线时，手腕不动，手臂动，利用铅笔的侧锋或中锋，在素描纸上描绘。弧线适用于曲面造型的物体，如石膏的球体、圆柱、圆锥、杯子、瓶子等。画弧线时，手臂不动，手腕左右摆动。

　　在排线时，可以通过控制手臂及手腕的力量，形成不同的线条，如左重右轻、左轻右重、中间轻两头重或均匀力度的线条。

素描排线练习

作业要求：临摹图 1-6，练习铅笔素描的基本线条表达。

单元二　素描的画法与步骤

一、素描的起形与构图

1. 起形

起形前要仔细观察物体。所有复杂的物体都可以概括地看作正方体、长方体、球体等，或者它们的组合体。透视的原理始终贯穿在起形之中。在起形过程中，通过观察、对比，可以对物体进行主观加工和处理。

2. 构图

一幅作品的优劣有几方面影响因素，构图就是首要因素，合理的构图是成功的一半。那么如何构图呢？

首先，画面不能过于拥挤，也不能过于空洞。

其次，主体物与陪衬物应互相协调，主体物应突出。

最后，画面应均衡，具有美感。

一幅优秀的作品，必须满足画面构图饱满、主次分明、疏密结合、错落有致、富有节奏感和美感。

构图不是一成不变的，常见的构图形式有三角形构图（图1-7）、S形构图（图1-8）、C形构图（图1-9）、圆形构图（图1-10）等。对于初学者来说，在没有把握的情况下，可以先画几张小稿，进行排列组合。

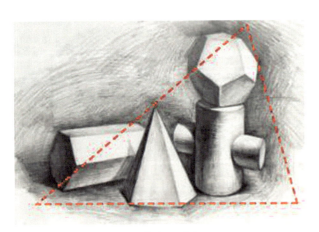

▲ 图1-7　三角形构图　作者：叶奕辰

▲ 图1-8　S形构图　作者：叶奕辰

二、素描关系的建立

物体受到光（自然光源、人工光源）的照射，会产生不同的明暗对比，这些明暗对比称为"三大面""五大调子"。

1. 三大面

"三大面"是一幅素描作品中的"黑、白、灰"关系，是物体的亮面、灰面和暗面（图1-11）。

▲ 图 1-9　C 形构图　作者：叶奕辰

▲ 图 1-10　圆形构图　作者：叶奕辰

> 亮面

物体的受光面，是物体最亮的区域。

> 灰面

物体受到光折射的部分，介于亮面与暗面之间，是亮面和暗面的过渡面。

> 暗面：物体的背光面。暗面并不完全是黑的，物体的反光存在于暗面。

一个物体并非只有三个面，只是我们在作画时，将复杂的光影关系归纳为"三大面"。

2. 五大调子

一个受光的物体除了"三大面"之外，还存在着"明暗交界线"和"反光"（图 1-12）。

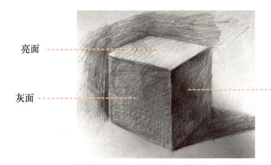

▲ 图 1-11　三大面　作者：叶奕辰

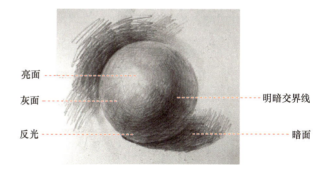

▲ 图 1-12　五大调子　作者：叶奕辰

> 明暗交界线：是物体受光和背光交界的区域，也是物体最暗的区域。需要注意的是，它并非一条线，而是一个有着转折起伏的块面。

> 反光：在物体的背光面，受到光线反射形成的，它是由光线强弱、周围环境以及自身质感决定的。

在实际绘画时，不仅仅有上述的"五大调子"，画面中灰色调层次越多，则画面越丰富，但是要注意画面的统一和整体性，不要为了追求色调层次变化，而使画面杂乱。

三、透视基础

在日常生活中，我们看到的物体有近大远小、近高远低、近宽远窄等特点，这就是透视现象。透视现象有一定的规律，大致有三种：一点透视（平行透视）、两点透视（成角透视）、三点透视（斜角透视）。

1. 一点透视（平行透视）

当我们水平方向的视线垂直于立方体的一个面，垂直方向的视线平行于立方体的高时，这个面的长宽比例保持原物体的比例不变，而与视线平行的所有线条都会随着视线的远去而渐渐缩小，最终消失于一个点，这个点称为灭点，这样形成的透视成像称为一点透视（或平行透视）。在一点透视中，所有垂直线条依旧保持垂直。一点透视具有整齐、稳定、庄严之感，有强烈的纵深感（图 1-13）。

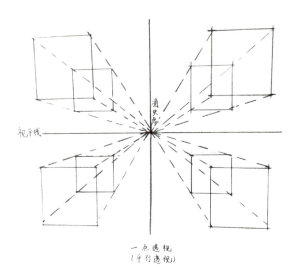

▲ 图 1-13　一点透视　作者：叶奕辰

2. 两点透视（成角透视）

当我们水平方向的视线不垂直于立方体的任何一个面，垂直方向的视线平行于立方体的高时，所有水平方向延伸的线条都会在视线的两侧渐渐缩小，最终消失于两边的灭点，这样形成的透视成像称为两点透视（或成角透视）。在两点透视中，所有垂直线条依旧保持垂直。两点透视的特点是自由、活泼、富有立体感（图 1-14）。

3. 三点透视（斜角透视）

当我们水平方向的视线不垂直于立方体的任何一个面，且垂直方向的视线也不平行于立方体的高时，所有水平和垂直方向延伸的线条都会在视线的两侧及上下渐渐缩小，最终消失于三个方向的灭点，这样形成的透视成像称为三点透视（或斜角透视）。三点透视一般用于表现建筑的仰视图或俯视图，它的特点是既有左右的纵深，又有上下的纵深，具有很强的空间感（图 1-15）。

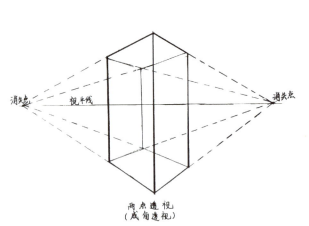

▲ 图 1-14　两点透视　作者：叶奕辰

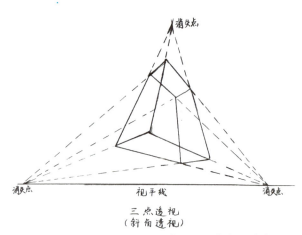

▲ 图 1-15　三点透视　作者：叶奕辰

四、素描石膏几何体练习

1. 正方体

正方体的练习需要掌握两点透视和三大面，从基本的形体结构开始逐步推进，学习更多更复杂的形体与明暗关系。通过正方体的素描练习，可以理解形体的变化。正方体由六个相同大小的面组成，但从不同的角度观察，形象也有所不同，这就是透视现象，与日常生活中近大远小的道理是一样的。

> 第一步：确定画面主体在画纸中的位置

用 2B 或 4B 铅笔构图，画出正方体各个边的位置，注意正方体的大小以及每个边的角度和透视关系（图 1-16）。

1-3 立方体素描

> 第二步：绘制暗面及阴影

确定正方体形体后，就开始确定明暗交界线和投影的位置，并排线铺出大致明暗关系（图 1-17）。

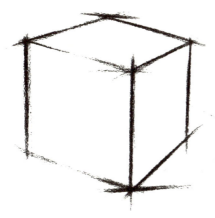

▲ 图 1-16　确定立方体的位置关系　作者：还梅枝

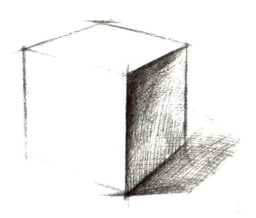

▲ 图 1-17　绘制暗面及阴影

> 第三步：绘制灰面与背景

画出正方体的灰面和背景色调，进一步加强明暗关系和形体结构以及空间关系。明暗交界线尽量用侧锋去铺，注意虚实变化，近实远虚（图 1-18）。

▲ 图 1-18　绘制灰面及背景

> 第四步：绘制亮面，调整全局

深入刻画，然后从局部回到整体，进一步明确黑白灰三个面，使画面线条细腻，明暗生动，空间感明显（图 1-19）。

▲ 图 1-19　调整全局

2．球体

球体的特点是无论从什么角度看都是圆的，球体表面的色调丰富多变。球体和生活中的很多形体关联，如各类球形水果。学习球体的意义在于通过观察对象了解素描中的"五大调子"，以及掌握明暗虚实等基础知识。绘制球体的过程就是寻找和表现明暗交界线、投影、反光、灰面和高光的过程。

➤ 第一步：绘制圆形

先画出正方形，找出横向与竖向的中轴线，再画出等比例切线，逐步将一个多边形切成正圆形（图 1-20）。

➤ 第二步：以明暗交界线为控制线分出明暗

交代明暗交界线以及投影的位置，用简单的排线铺出大致明暗关系。物体在受光条件下，在背景上会产生一个背光区域，这就是投影。球体的投影是个虚实相生的椭圆形，靠近主体的部分深一些、实一些，远离主体的部分浅一些、虚一些（图 1-21）。

▲ 图 1-20　绘制圆形　作者：还梅枝

▲ 图 1-21　绘制明暗交界线与投影

➢ 第三步：绘制暗面、反光与背景

铺出形体明暗色调时，把背景和投影结合起来画，同时进行，缺一不可。保持大的黑白灰关系，刚刚铺色调时线条要轻松、概括，不要将线条刻画得太死板。明暗交界线是形体中最暗的部分，加强这个面就加强了球体的体积（图1-22）。

➢ 第四步：加强明暗关系

逐步加强明暗关系，色调过渡要均匀柔和，线条可以随形体的转折进行变化，逐步从暗部推向高光。切记不能出现一条生硬的明暗交界线，灰面是由明暗交界线逐渐向高光过渡的部分，分为深灰、中灰和浅灰，因此绘画的时候要慢慢向亮面过渡（图1-23）。

➢ 第五步：细化与刻画空间感

黑白灰色调过渡进一步细化，也要考虑线条的轻重，将前端的投影加深，拉开与背景的空间感，调整画面至完成。球体的高光在理论上只有一个点，因此留白的面积不能太大，否则球体就会显得过于平面化（图1-24）。

▲ 图 1-22　绘制暗面、反光与背景

▲ 图 1-23　加强明暗关系

▲ 图 1-24　细化与刻画空间感

1-4 球体
素描

五、素描静物练习

1. 苹果的表现方法

苹果是素描静物中常见的水果，它造型圆润，质感光滑。观察时可以将它看作一个球体，绘画时，宁方勿圆，可以将外形画得方一些。同时，要注意苹果的果窝以及果蒂等一些细节的表现（图1-25）。

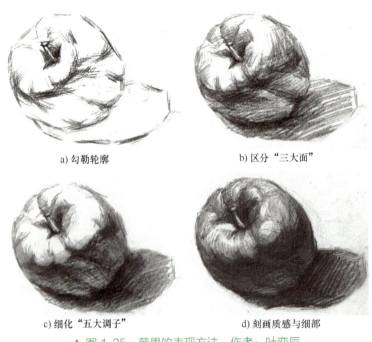

a) 勾勒轮廓　　　　　　　　　　b) 区分"三大面"

c) 细化"五大调子"　　　　　　　d) 刻画质感与细部

▲ 图1-25　苹果的表现方法　作者：叶奕辰

2. 陶罐的表现方法

首先，化繁为简。通过观察，将陶罐概括为简单的几何体。

其次，确定陶罐的宽和高的比例，找出上下、左右的位置，注意透视规律。可以画一些辅助线，帮助我们更准确地描绘陶罐的造型。

接下来，铺黑、白、灰大色调，加强明暗交界线和投影形状。

最后，细致地刻画（图1-26）。

a) 绘制轮廓　　　　　　　　　　b) 区分"三大面"

▲ 图1-26　陶罐的表现方法　作者：叶奕辰

c) 细化"五大调子"　　　　　　　　　　d) 刻画质感与细部

▲ 图 1-26　陶罐的表现方法　作者：叶奕辰（续）

六、素描风景练习

在进行风景画创作时，不必照抄景物，通过观察、联想、想象，可以加入主观情感，这样作品更富有趣味。素描风景的作画步骤如下：

➢ 确定构图

选择一处风景优美的地方进行观察，借助手指比成取景框，上下左右移动，确定最佳构图。找出要表现的主体物及陪衬物，对画面进行合理安排，使画面主次有序。

➢ 铅笔起稿

用长直线勾勒大致形态，可以将复杂的造型概括为基本形。

➢ 铺大色调

找到景物的明暗交界线，铺黑、白、灰大色调，用线条的疏密来区分明暗关系。

➢ 深入塑造

进一步对景物进行深入刻画，表现出主次和空间关系。对近景更细致地描绘，远景可以适当概括，有所取舍。最后，整体调整画面，使其完整统一。

1. 单棵乔木的炭笔素描

跟着视频与过程图，学习如何对单棵乔木进行写生。

➢ 第一步：观察

绘画是一个从具象到抽象，再到具象的过程。动笔之前，一定要仔细分析景物，将画面主体的各部分比例关系进行解构，例如主体的长宽比、树冠与树干的高度比等等，如图 1-27 所示。

➢ 第二步：抽象

风景写生的时候，我们常常将自然形态的树木抽象成一个或者多个几何体的组合。例如，图 1-28 中将树木抽象成多个球体的组合。

1-5 风景写生的选景与构图

1-6 炭笔树木写生

▲ 图 1-27　观察

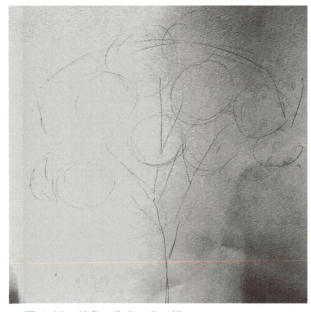

▲ 图 1-28　抽象　作者：高　钰

➤ 第三步：整体具象化

继续观察实物，找出树枝生长的规律，以此规律为原则删繁就简，塑造出大致的树木形态（图 1-29）。

➤ 第四步：表现出大致的"三大面"关系

按照素描原理，用排线的方式分出亮面、灰面与暗面。绘制枝条的时候，树叶前面的枝条要适当留白，利用明暗对比的关系表现出空间感（图 1-30）。

▲ 图 1-29　整体具象化

▲ 图 1-30　表现出大致的"三大面"关系

➤ 第五步：刻画组合形体的素描关系

无论多么复杂的形体，所表现出的素描关系都和简单几何体相同。绘制的时候要时刻把握"五大调子"的逻辑关系，不要出现紊乱的光照效果。此外，任何画面都要有主有次，如图 1-31 所示的乔木，中间部分是主要刻画部分，因此画得比较实，而四周的树叶则适当虚化。

▲ 图 1-31 刻画组合形体的素描关系

2. 风景炭笔速写《农舍》

➤ **第一步：根据透视原理打底稿**

完整的景观作品会呈现出透视效果，尤其是风景中的建筑。绘制时要先确定采用一点透视，两点透视，还是三点透视，并根据之前所学的透视原理进行起稿（图 1-32）。

1-7 炭笔景观
速写过程

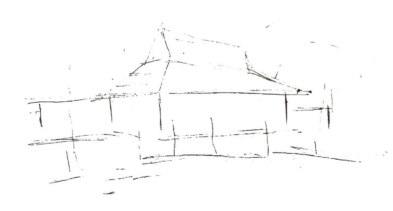

▲ 图 1-32 根据透视原理打底稿　作者：高　钰

➤ **第二步：画出较为精细的线稿**

透视线确定后，通常会用线稿绘制出风景中的主要内容与细节（图 1-33）。

▲ 图 1-33　画出较为精确的线稿

> 第三步：刻画明暗关系

　　线稿缺少立体感，因此还需要根据主光源的方向分析光影的素描关系。速写不需要十分细腻，一般简单区分出"三大面"和"五大调子"即可（图 1-34）。

▲ 图 1-34　刻画明暗关系

3. 风景炭条素描《疏林》

> 第一步：区分整体明暗关系

风景写生除了先画形体的线稿外，还可以用另一种表现面的方式，如图 1-35 所示，即先用炭条涂抹画面中的暗面，区分出明暗关系。

> 第二步：直接用素描关系塑造形体

观察景物的明暗对比，根据素描原理，继续用炭条塑造立体感（图 1-36）。

> 第三步：揉搓

为了让画面更加细腻，增加灰调子的层次，可以用纸巾或纸笔进行揉搓，填满白色的空隙。值得注意的是，这一过程一定要在绘制的中期进行，不能太晚，否则画面容易变得灰暗、不透气（图 1-37）。

1-8 炭条素描风景画示范

▲ 图 1-35　区分整体画面的明暗关系　作者：叶奕辰

▲ 图 1-36　形态渐渐明确

➢ 第四步：加入线条

继续在揉搓过的画面上加入线条，以此来明确风景中的形体，并加强形体的素描关系，完成整幅画面（图 1-38）。

▲ 图 1-37　揉搓

▲ 图 1-38　加入线条表现细部

单元三　素描作品赏析

1.《几何体组合》

图 1-39 所示的素描石膏几何体由圆柱圆锥穿插体、切面圆柱、正方体组合而成。好的构图是作品成功的一半，这幅作品整体构图呈三角形，仿佛金字塔一样，给观者稳定、均衡之感。三角形构图在绘画中很常见，也常应用于摄影艺术之中。倒下的圆柱圆锥穿插体增加了难度，绘画时需要注意它的透视关系。由于石膏固有色是白色，并且表面光滑细腻，因此可以将背景色调适当处理得深一些，更好地拉开黑白灰关系。要逐渐形成留心观察自然的习惯，热爱生活，崇尚自然。

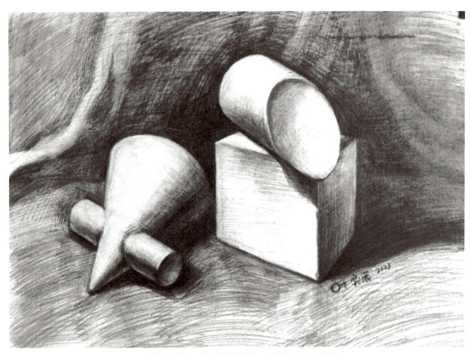

▲ 图 1-39　几何体组合　作者：叶奕辰

2.《静物》

静物是绘画中最常见的表现题材。在图 1-40 中，深色的陶罐作为画面的主体物，考验绘画者的基本造型能力和对物体质感的表现能力。苹果和梨的造型原理差不多，但两者固有色不同，作者在绘画时有意区分，将水果新鲜饱满的特点表现出来。画面中的白色衬布具有近实远虚的空间关系，与物体形成了黑白对比，使画面更精彩。

3.《北方的森林》

森林中树木众多、树枝交错复杂，绘制的难点是如何通过空间感和构图关系，对自然景物进行抽象和简化。画面要有主次、大小、前后和虚实关系。素描没有色彩变化，绘画者应将注意力集中在明暗与光影的描绘上。在训练绘画技巧的同时，还可以培养耐心，磨炼意志，训练专注度，体会心无旁骛的工作状态（图 1-41）。

▲ 图 1-40　静物　作者：叶奕辰

▲ 图 1-41　北方的森林　作者：高　钰

4.《伐木场》

　　图 1-42 描绘了林间的风景，其笔法精炼、线条流畅、疏密结合，给观者留下了深刻而难忘的印象。作者对画面中高大的树木进行了精细刻画，有所取舍，更加突出主体，表达了作者的主观情感。大自然的风景美不胜收，初学者往往不知道该画什么、怎么画，此时不妨走进自然，去观察，去感受，用心体会。

▲ 图 1-42 伐木场 作者：高 钰

　　郑板桥画竹子有三个阶段："眼中之竹"—"胸中之竹"—"手中之竹"，这三个阶段简单地说就是：观察—构思—传达。画风景画少不了深入观察自然，捕捉最具有美感的瞬间；其次，不能一味照抄景物，还要经过内心的孕育和加工，做到借景抒情，寓情于景，情景交融；最后，还要通过技法将景物描绘出来，这就需要大家平时多积累，勤加练习，创作出自己满意的作品。

模块二
钢笔风景画

单元一　钢笔风景画基础知识

钢笔画是用单一颜色（一般是黑色）塑造形象的绘画形式，属于素描范畴。钢笔画最早见于欧洲的建筑庭院设计图稿以及其他构思、构图、素描画稿。钢笔由于携带方便，作品易于保存，又与我们民族传统画法有一致性，因此广为我国画家采用，建筑师和园林设计师也常用钢笔作速写、搜集园林造型资料，或是绘制设计构思草图、效果图等。

一、钢笔风景画工具介绍

绘画工具影响着作品的呈现风格，根据不同表现形式的需要，工具起着至关重要的作用。在钢笔绘画中，常用到蘸水钢笔、普通书写钢笔、美工钢笔、直尖钢笔、中性笔等。除此之外，市面上还有一些用纤维制成的灌水软头毛笔，也可以用来绘制钢笔画，产生独特的笔触。图 2-1 为常用的钢笔画工具，具体可以根据自己实际情况和书写习惯来选择。

▲ 图 2-1　钢笔画的工具

1. 钢笔

➤ 美工钢笔

2-1 钢笔工具介绍

美工钢笔有特制的弯头，可以借助笔头的倾斜角度，绘制出有粗细变化的线条效果。这种钢笔在钢笔绘画中充满了独特的魅力，在艺术创作中非常实用。美工钢笔可以利用笔尖的方向和角度产生不同的笔触效果。把笔尖立起来或反过来，画出来的线条细密精细；把笔尖卧下来用，画出的线条则宽厚坚实。这是直尖钢笔所没有的功能，用美工钢笔绘制出来的线条更具有变化和艺术性。如图 2-2 和图 2-3 所示为美工钢笔及其画出来的线条。

▲ 图 2-2　美工钢笔 1.0 尖及其线条

▲ 图 2-3　美工钢笔 0.7 尖及其线条

➤ 直尖钢笔

直尖钢笔线条流畅均匀，通过按压力度能产生细微的线条变化，在钢笔画中主要用于勾勒形体和表现明暗关系。不同粗细的直尖钢笔可以画出多样的线条。如图 2-4 所示为直尖钢笔及其画出来的线条。

➢ 中性笔

中性笔是当今使用率较高的书写工具，价格便宜、携带便利，是出门写生常用的工具，被广泛运用于速写之中。如图 2-5 所示为中性笔及其画出来的线条。

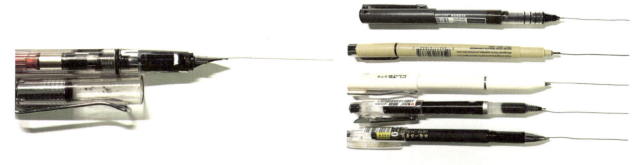

▲ 图 2-4　直尖钢笔及其线条　　　　　　　　▲ 图 2-5　中性笔及其线条

2. 墨水

在使用美工钢笔和直尖钢笔时，都会面临着墨水的选择。一般建议使用防水墨水，市面上一般碳素墨水都防水，但弊端是杂质比较多，墨水储存时间过久，会出现沉淀或堵笔的现象。如果经济条件许可，也可以选用稍贵一些的绘图专业防水墨水。除了黑色外，各种单一颜色的墨水也可作为钢笔画的媒介，给予人与众不同的感觉，如图 2-6 所示。

3. 纸和本

钢笔画纸张的选择，一般考虑质地坚实、较光滑、方便行笔的材质，如普通复印纸、卡纸、铜版纸、素描纸、水彩纸、宣卡纸、马克笔专用纸，或是用这些纸装订的速写本。根据作画的需要，有时也可以选用一些特殊的纸张，如生、熟宣纸，巴川纸等。图 2-7 为常用的钢笔画用纸。

▲ 图 2-6　防水墨水

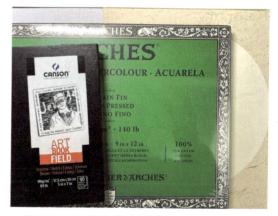

▲ 图 2-7　常用的钢笔画用纸

➢ 素描纸
纹理独特，无论是铅笔、炭笔还是钢笔都非常适合在素描纸上作画。

➢ 水彩纸
吸水性比一般纸高，更加厚实，不易因重复涂抹而导致破裂、起毛球。画钢笔画一般选择细纹水彩纸，用防水墨水，后期还可以上水彩，变成钢笔淡彩画。

➢ 宣卡纸

一般选择熟宣制的卡纸，光而不滑、纹理纯净、润墨性强。

➢ 速写本

尽量选择纸面光滑度适中的纸张；如果纸面太光滑，线条会不稳，缺少力度和弹性。尺寸大小可根据自己习惯和画面的内容而定，常用钢笔画尺寸为 A4 幅面。

▲ 图 2-8　恩波楼　作者：朱东升

▲ 图 2-9　码头　作者：朱东升

二、钢笔画点、线、面练习

钢笔画表现形式以线为主，通过线条的疏密来体现画面的光影和体积。暗部用密集的线条来表达，亮部就用稀疏的线条来体现，特别是亮部的线条，要注意线条的方向和角度。根据物体表面的材质，可以用不同的线条来表现，以便在质感上起到更好的效果。

钢笔画的线条是整个画面的"灵魂"，线条的疏密和虚实都至关重要。主体线实，配景线虚，有时惜墨如金会更具画意。如图 2-8 所示的《恩波楼》就是以线条的变化产生明暗调子，产生光影、立体感、质感和空间感。

1. 点

点是最简单的形状，是绘画语言最基本的组成部分。在绘画中，点、线、面是必不可少的要素。其中，点作为设计中的一个要素，发挥了巨大的作用。如图 2-9 所示的《码头》借助点与线条的呼应，产生出独特的黑白灰关系，具有鲜明的个人特色。

2. 线

用线来表达各种形体和结构的做法在钢笔画中最为常见，笔的轻重缓急会产生节奏感，展现线条的魅力，赋予画面生动的艺术气质。如图 2-10 所示的《街景》借助线条和明暗相结合的手法表现对象，使画面潇洒灵动，既有变化又有统一。

▲ 图 2-10　街景　作者：朱东升

3. 面

钢笔绘画中需要合理使用点、线、面的组合，面在画面中有着重要的艺术地位。在画面里可以使用排线和美工笔绘出块面，也可以用大的墨块产生体积感和空间感。如图 2-11 所示的《老宅》用粗线条营造暗面，笔触肯定、干净利落，在最短的时间内产生精细刻画的效果。

钢笔画是具有灵性的，在绘画作品中会呈现出多样的个性和绘画语言，或柔美，或硬朗，或流畅，或朴实，通过线条的不同表现手法，能够表达出不同的画面意境。在同一幅作品中可以只用一种线，也可以用各种感觉的线条来表达画面，可以根据画面情绪和绘画载体来选择。水可以用流畅的线条表现；石头可以用硬朗顿挫的线条表现；植物可以用硬线，也可以用曲线来表现，硬线画树干、树枝等，曲线画叶子、花草等。此外，也可以根据画面需求，结合各种感觉的线条来表现同

▲ 图 2-11　老宅　作者：朱东升

一物体。一幅好的钢笔画作品，应当疏密得当，线条组合生动有力，整幅画面通过各种线条的穿插、交织，使物体和物体之间产生距离和空间，形成趣味中心（也称为画眼）。

钢笔画作品中必须要掌握好黑、白、灰的关系，利用点、线、面来体现画面黑、白、灰之间的关系。这种训练很重要，尤其线条的练习，就要像吃饭一样，作为每天的基本功训练。

点、线、面练习

作业要求：临摹图 2-12~ 图 2-16，练习钢笔画中的基本线条表达。

线条是构成钢笔画的基础，常见的线条有直线、曲线、自由线等，练习线条时，用笔应力求做到肯定、有力、流畅。

在绘制图 2-12 的过程中，用笔时应做到肯定和有力，一气呵成，使描绘的线条流畅、生动，而不宜胆怯，不敢落笔。

图 2-13 中，上面的两条线是错误的，不宜出现往复不肯定的线条，也不宜出现分小段的线条。想要画连贯性的线条，需要画到一定的熟练程度，并且加快速度。

2-2 钢笔线条
点线面练习

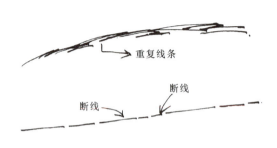

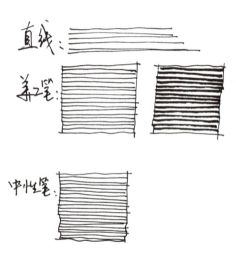

▲ 图 2-12　线条的练习 1　作者：朱东升

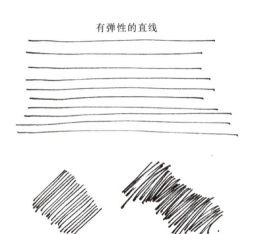

▲ 图 2-13　线条的练习 2　作者：朱东升

图 2-14 和图 2-15 中，线条的排列和交织要有一定的规律和次序。排线应尽量保持有序排列，不宜凌乱错杂；当绘制线条的能力达到一定程度后，描绘出的线条就会带有一定的随意性和灵动性，如图 2-16 所示。

▲ 图 2-14　线条的练习 3　作者：朱东升

▲ 图 2-15　线条的练习 4　作者：朱东升

▲ 图 2-16　线条的变化与造型　作者：朱东升

单元二　钢笔画的画法与步骤

钢笔画绘制中经常会出现各种植物、石头、人物等元素，接下来就介绍几种常见的配景绘制方法。这些单体是初学者入门的基础，学习时可以通过观察分析，寻找规律，找到恰当的表现手法。

一、钢笔画的单体练习

1. 植物

树是钢笔画中经常出现的元素，绘制时要表现出树的体积关系，主观调整树冠外形，使其起伏有变化且统一，如图 2-17 所示。绘制的时候可以将树冠视为由一个或多个球体组成的整体，再进行概括和提炼。

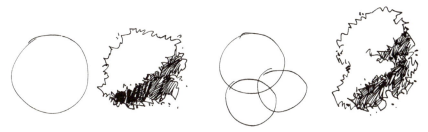

▲ 图 2-17　树冠外形 1　作者：朱东升

绘制树冠需要用到球体素描知识，树叶（线条）分布不要平均对待，否则所表现的植物将显得平面化，如图 2-18 所示。只要掌握圆球的明暗关系，并注意树冠外形的适当变化，就很容易掌握树的画法。花草或其他相似物体的画法也可以参照树的画法。

▲ 图2-18　树冠外形2　作者：朱东升

2. 石头

石头的坚硬和块面是绘制时的表达关键，因此在起稿时就要确定石头棱角的位置，注意明暗变化，表现出石头的体积感、空间感。如图2-19所示，勾勒线稿的时候要表达出石头的素描关系，即受光面整体纹路较少，线条较疏，暗面的线条纹理多而密集。

石头的造型多种多样，起稿时可根据画面效果画出各种变化。石头周边还可以增添一些植物作为配景，让画面更丰富，如图2-20所示。

▲ 图2-19　石头　作者：朱东升

▲ 图2-20　石头与植物　作者：朱东升

3. 人物

人物在钢笔画建筑中可以起到烘托环境、活跃气氛、增加活力，调整画面构图和明确建筑尺寸等作用。为较快掌握钢笔建筑中的人物画法，应该对人物的动态、比例、形体结构等有所了解。人物的头一般都画在视平线上（图2-21），只需要调整身体的大小，就能绘制出人物的远近关系和空间关系。

如果人物的头高低错落（图2-22），那么就会形成散乱、透视紊乱的画面。

▲ 图 2-21　在一个透视线上的人物　作者：朱东升　　　　▲ 图 2-22　不在一个透视线上的人物　作者：朱东升

二、钢笔风景画手绘过程

绘制钢笔画可以先用铅笔打底稿，也可以直接用钢笔绘制。铅笔底稿的作用主要是设计构图与确定正确的透视线。铅笔的作用也可以在心中完成，绘制前先想好画面在纸张的位置、大小，然后用简单的线条或点在纸面上标出画面主景的轮廓或关键点，之后在此基础上进行深入刻画。

1. 正立面效果的简单建筑

我们先来绘制一张简单的建筑钢笔画，为了降低透视难度，选用类似立面图的一点透视角度。

➤ 第一步：构图和轮廓

画之前要注意观察房屋的比例，确定地平线的高度，并按此比例想象出建筑呈现在纸面上的最高（低）、最左（右）的点各自在哪里，之后再提笔勾勒出房屋的外形轮廓，如图 2-23 所示。

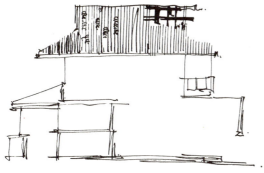

2-3 钢笔
建筑

▲ 图 2-23　绘制轮廓　作者：朱东升

➤ 第二步：完成建筑主体

有了建筑的框架，就可以在其中增加主体建筑的其他结构，如门窗、平台、楼梯等。为了加强房屋的上下对比和立体感，还要适当添加阴影，增强明暗对比，如图 2-24 所示。

▲ 图 2-24　完成建筑主体

➤ 第三步：增加建筑周围的配景

通过观察，将周边环境进行抽象和简化，选取具有代表性的植物、山石、生活用品、人物等细节来丰富画面。绘制的时候不一定按照实物的高矮比例，可以根据构图需要调整配景体量，如增大或减小不同位置植物的高度、简化树形，或将远处的某些元素、人物"拉进"画面等等，如图2-25所示。

▲ 图2-25　完成细节

2. 简单两点透视古建筑

绘制古建筑和古典园林的难点在于透视的准确性，因此最好事先定好灭点与视平线，并用铅笔拉出透视线。

➤ 第一步：绘制透视线

2-4 钢笔古建绘制过程

两点透视的建筑在绘制的时候注意线条分别向两个方向倾斜。开始的时候不要着眼于细节，首先勾勒出建筑的关键透视线，以此形成外形。注意这一阶段的线条一定要简练，结合点、面以及留白的表现手法，表现出空间感和形体虚实的转化，如图2-26所示。

➤ 第二步：刻画素描光影关系

与图2-26相比，图2-27增添了细节，并通过细化调整建筑外形，前一步不准确的地方可以通过加深暗部进行微调，让比例更恰当，透视更舒服。这一步的主要目的是表现光照效果和明暗的素描关系。

▲ 图2-26　绘制透视线　作者：朱东升

▲ 图2-27　刻画素描光影关系

➤ 第三步：增加细节和配景

确定建筑的透视无误后，可以完善细部，并增加配景。配景可以产生前后远近的距离对比，增加体积感，并突出建筑氛围，如图2-28所示。

3. 斑驳古城

图 2-25 和图 2-28 的绘制方法为首先勾勒建筑的外轮廓与透视线，继而深入刻画细节。另一种绘制方法是直接完成画面的某些部分，并以此为中心逐渐扩大表现范围，直至完成整个画面。

➤ **第一步：局部入手**

如图 2-29 所示的《斑驳古城》从局部（画面中心的垂花门）入手，不仅画出了轮廓，而且精细地表现出建筑的结构，完成全部明暗素描关系。这样做既能在作画的开始就产生成就感，还能为整个画面定下基调，预估最终的效果。

▲ 图 2-28　增加细节和配景

➤ **第二步：连接垂花门的其他结构**

如图 2-30 所示，绘制垂花门左边的建筑和植物的时候，注意保持相同的视平线和透视灭点，切忌建筑的不同部分延伸至不同的灭点。院墙后面的植物起衬托作用，通过黑白对比产生景深和前后关系。钢笔画的另一个技巧是线条，虽然我们在前文进行过练习，但所有训练过的线条都不是制图规范，没有定式，运用到风景画的时候不能刻板，尽可能让线条生动放松。

▲ 图 2-29　绘制画面中心　作者：朱东升

▲ 图 2-30　连接垂花门的其他结构

➤ **第三步：继续延伸建筑**

继续延伸建筑，绘制垂花门右侧的古城楼。这一部分与之前绘制的部分呈垂直关系，因此注意两点透视的另一个灭点。虽然是一部分一部分推动着完成，但心中要时刻有整体感，光照和阴影的方向不能紊乱。完成后整个建筑高低错落的变化使空间感更加丰富，作者根据建筑不同的空间位置，运用疏密对比的处理方法表现出建筑物的结构与形式美感，如图 2-31 所示。

▲ 图 2-31　继续延伸建筑

4. 街景

　　街景是常见的绘画主题，经常以一点透视角度表达街道的纵向景深。这里依然采用从局部到整体的推进方法绘制。

➤ 第一步：绘制近景

　　从近景开始绘制街道的一个侧面，绘制的时候先定视线和灭点。一点透视只有一个灭点，所有消失于远方的线条都会交于灭点。图 2-32 所示的街景中，屋檐、门窗、壁灯、晾衣服的绳子等都指向灭点。这种推进式的画法，每部分都是"一次成型"，因此每一部分都要注意线条流畅、光影关系正确。

图 2-32　绘制近景　作者：朱东升 ▶

继续第一步的操作，让画面向远处延伸。画的时候先用长线条将远景大致轮廓定位好，然后再添加细部，如图 2-33 所示。

➤ 第三步：远景的衔接

街道的两侧在远处衔接，这里也是透视线交汇的地方。由于人的视觉特性，远景切忌画得太实、太细，一般用简单的线条带过就好。之后从远处向前推进，绘制右侧的街道。这里有大团的植物，绘制的时候可以用对比的手法强化墙面和植物质感，如图 2-34 所示。

▲ 图 2-33　完成街道一面

▲ 图 2-34　远景的衔接

➤ 第四步：设计画面的结束方式

街道的右侧由远至近刻画，此时需要考虑的是如何结束画面。一般来说，街景的两侧忌长度相同，如图 2-35 所示的近景在左侧，那么右侧的街道就画得短一点。至于钢笔线条，右侧更多地利用短线条编织画面，这样可以更加自由地处理黑白关系，做到虚中有实。

➤ 第五步：完成细节

街道的两面完成后，就要考虑街面上的人物与地面的铺装。没有地面，街道就犹如漂浮在空中。地面的线条处理也要由远及近渐渐稀疏，表达出进深感。最后整体调整一下画面的体积感，增加细节，如图 2-36 所示。

▲ 图 2-35　设计画面的结束方式　　　　　▲ 图 2-36　完成细节

单元三　钢笔画赏析

　　一幅优秀的钢笔画作品是作者长期绘画创作实践的成果，是丰富的学习经验、生活经验的总结，也是作者审美情趣和艺术修养的体现。

　　通过对优秀作品的欣赏和学习，可以增强钢笔画技法，提高艺术修养，开拓视野，提高鉴赏能力和学习的积极性。在学习过程中还可以通过对不同风格作品的欣赏和学习，扩大知识面，理解作者的创作意图和创作环境，领悟作品中内在的精神内涵。对不同技法进行研究学习，为我所用，是提高技法的一个很好的途径。

　　这些钢笔画赏析作品来自不同领域的钢笔画家、美术教师和景观设计师，他们都有着丰富的绘画创作经验，并不断坚持钢笔画创作，笔下流出的精美线条风格各异，值得学习和借鉴。

　　1.《江边的吊脚楼》

　　图 2-37 利用流畅的线条进行刻画，并利用黑色块面，形成强烈的对比，画面中点、线、面的运用恰到好处，让画面乱而有序，充满节奏感。钢笔画类似编织，用线条编织出面与体的素描关系。学习钢笔画的过程也如编织，一点一滴地积累和训练，才能掌握技艺的精髓。

▲ 图 2-37　江边的吊脚楼　作者：朱东升

2.《留园冠云峰》

古典园林是中国文化的瑰宝，绘制时不仅要学习钢笔画技法，更要体会其中的美学底蕴，增强民族自信心与自豪感。图 2-38 中将景观假山石和灌木丛作为画面的前景，建筑物作为背景，此种景物表现的难度在于空间层次很难拉开。在表现该作品时，作者根据画面的需要采用了重点刻画、概括取舍、突出重点的表现手法。以密集的线条和大面积的黑色突出建筑物的暗部和背景，前景的留白和背景的深色拉开了画面的层次，形成较强的空间感。年轻人进入社会，做事也要主次分明，有序进行，方能有的放矢。

▲ 图 2-38　留园冠云峰　作者：朱东升

3.《六角攒尖亭》

绘制古建筑的难点在于屋顶的透视，图 2-39 用较强的仰视视角延伸了建筑，以流畅的线条表现古典建筑从屋顶至底层的所有细部，富有装饰性，并强调画面的平衡。密集的短线条表现出主体建筑物的结构和质感，建筑的阴影与窗棂的暗调子同石台阶及屋顶的质感产生了和谐的关系，远景虚实错落的树枝为画面增添更多趣味。画面中央成为趣味中心，用细部刻画和明暗处理重点表现主题。画面右侧的轻松线条虚化了前景，产生了虚实相生的视觉效果。

▲ 图 2-39　六角攒尖亭　作者：朱东升

4.《欧洲古镇》

　　图 2-40 刻画了建筑与环境的光影关系和空间层次，人物和车辆增添了街景的情趣。起伏的单线条表现了近景的树木和植被，建筑采用了线条结合明暗的表现手法，加强了环境的空间感。本幅作品采用了短簇排列的组合线条，线条富有游动的感觉，黑白对比强烈。

▲ 图 2-40　欧洲古镇　作者：朱东升

5.《西泠印社》

西泠印社创立于清光绪三十年（1904年），由浙派篆刻家丁仁、王褆、吴隐、叶铭等召集同人发起创建，吴昌硕为第一任社长。西泠印社以"保存金石，研究印学"为宗旨，对文化的传承与创新发挥着重要作用。图2-41中，树木的造型千姿百态，形体复杂，石台阶的形态各异，短簇的线条画出明暗变化，突出了空间层次。运用黑白强烈的表现手法，对暗部和灰部进行刻画，使整个画面显得厚重，有历史沉淀的韵味。

▲ 图2-41　西泠印社　作者：朱东升

6.《街心广场》

钢笔画是景观表现最常用的手法，图2-42以简练准确的线条表现了俯视的街景，这个视觉的街景难度极大，不容易表现出空间层次，但鸟瞰的构图形式也有视野开阔、场面宏大、空间深远的优点。该图结合明暗光影规律的线条来表现街景的细部和结构，轮廓的线条粗一些，里面的线条细一些，线条长短结合、虚实相生，并用竖直的线条表现建筑的暗部。

▲ 图2-42　街心广场　作者：王泉泉

7.《木椿沟苗族风情园》

中国作为多民族的国家，少数民族的文化也源远流长，值得我们学习和借鉴。图2-43对苗寨的构图进行了认真的思考，以简练的线条描绘复杂的场景。远景大面积的黑色色块，形成"图－底"关系，突出了前景，拉开远景和近景的空间关系。作者在该作品的表现中，将主体建筑置于中景位置，刻画表现得比较详细。整个画面主次分明，重点突出，以轻松洗练的线条勾勒出建筑的造型、结构和细部，表现手法简洁明快。与背景的大块面相对比，前景处理得自如流畅，充分表现出线的韵味。

▲ 图 2-43 木椿沟苗族风情园 作者：王泉泉

8.《传统建筑研究》

除了完整的作品外，钢笔画也是收集资料、绘制草图的途径之一。图 2-44 是作者在研究法国传统梁柱结构时绘制的草图。作为经过训练的设计师，无论是否有意，任何呈现出来的东西都会带有设计感，画面上的文字说明虽然有其功用，但依然成为画面构图的一部分。美术的学习可以增强学生对美的敏感度，体会真善美对人生境界的升华。

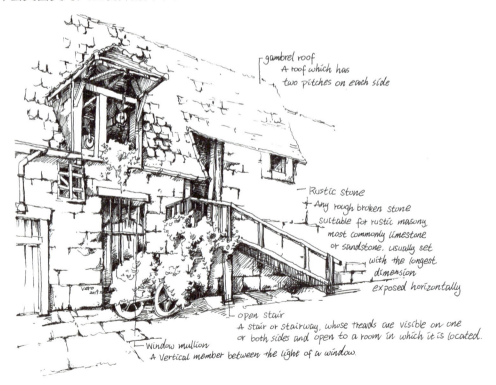

▲ 图 2-44 传统建筑研究 作者：高 钰

9.《清迈白庙》

钢笔画不仅可以成为单独的画种，也可以和色彩合用，称为钢笔淡彩。图 2-45 就是钢笔和水彩的混合使用。

▲ 图 2-45　清迈白庙　作者：许永伟

10.《岁月如梭》

钢笔画也可以画出中国画的意境，图 2-46 的作者温风先生被一张网络照片打动，岁月如梭，但往事的印记再次重重撞击他的心扉，传统文化遗产的留存，依旧萦绕他的脑际，不知不觉拿起笔来去追溯家乡及孩提时的味道……无论时代如何变迁，也改变不了对中华文化的热爱，冲动之余小习此画，表达对祖国传统文化的记忆。

▲ 图 2-46　岁月如梭　作者：温　风

第二部分
色　彩

模块三
认识色彩

单元一　色彩基础知识

一、色彩的概念

色彩是可见光作用于物体所导致的视觉现象。不同波长的可见光照射到物体上，一部分反射到人的眼睛，从而在视觉上形成强烈的色彩感知。光是色彩被感知到的先决条件，色彩与光密不可分。

二、色彩的分类

自然界缤纷的色彩可以分成两个大类：无彩色系和有彩色系。无彩色系是按照一定的变化规律由白色渐变到浅灰、中灰、深灰，直到黑色。有彩色系是指包括在可见光谱中的全部色彩。本模块重点学习有彩色系。

1. 三原色

三原色，即红、黄、蓝，是不能再分解的三种基本色彩，如图 3-1 所示。通过三原色，可以调配出其他各种颜色。三者同时混合，理论上会出现黑色。黑、白、灰属于无彩色系。

2. 间色（二次色）

由两个原色混合调出的色彩称为间色，分别是橙、绿、紫。红与黄叠加为橙色，黄与蓝叠加为绿色，红与蓝叠加为紫色，如图 3-2 所示。

3. 复色（三次色）

由两种间色（如橙和绿、橙和紫）或三种原色混合而成的颜色称为复色，包括红橙、黄橙、黄绿、蓝绿、蓝紫和红紫，如图 3-3 所示。

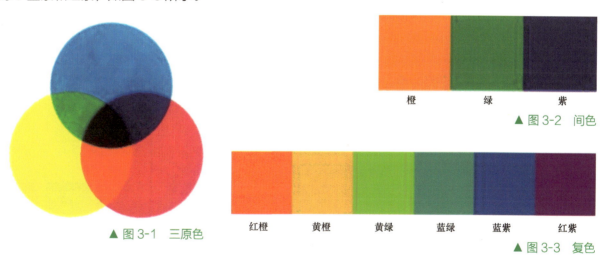

橙　　　　　绿　　　　　紫

▲ 图 3-2　间色

▲ 图 3-1　三原色

红橙　　黄橙　　黄绿　　蓝绿　　蓝紫　　红紫

▲ 图 3-3　复色

4. 色环

色环又称色轮、色圈，是将可见光区域的颜色以圆环来直观展示，是色彩学习常用的工具。基础十二色环由瑞士设计师约翰·伊登提出，所以又称"伊登十二色环"。色环由原色、间色和复色组合而成。红、黄、蓝三原色在色环中组成一个等边三角形。间色橙、紫、绿处在三原色之间，形成另一个等边三角形。红橙、黄橙、黄绿、蓝绿、蓝紫和红紫为复色。它们共同组成了十二色环。除了基础十二色环以外，可以衍生出更多颜色的色环，如图3-4所示。

5. 同类色

含有相同色相、不同色度倾向的系列色彩称为同类色（图3-5）。例如，柠檬黄、中黄、橙黄、土黄等，它们都含有相同的黄色色相，属于黄色同类色。

6. 互补色

互补色源于人类的色感补偿，为了减轻长时间看一种颜色产生的疲劳，视神经会诱发另一种颜色进行自我调节，诱发的另一种颜色即是第一种颜色的互补色。色环中直径两端的颜色为互补色。三原色中任意两色相混合得到的间色与另一种原色均为互补色关系，如红和绿，黄和紫，蓝和橙。互补色同时出现会产生强烈的对比效果，如图3-6所示。

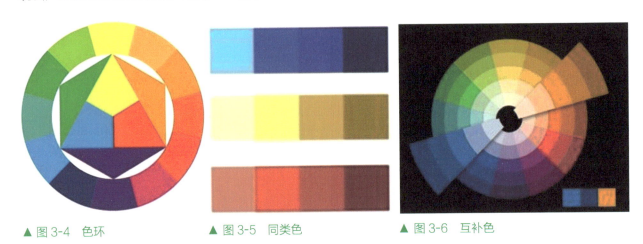

▲ 图3-4 色环　　　▲ 图3-5 同类色　　　▲ 图3-6 互补色

三、色彩的要素

色彩具有三个基本属性：色相、明度、纯度，也称为色彩的三要素。

1. 色相

色相是指色彩的相貌，是色彩的基本特征，也是区别不同颜色的依据。光谱上的红、橙、黄、绿、青、蓝、紫就是七种不同的色相，是不同波长的光被感知的色彩属性，如图3-7所示。

▲ 图3-7 色相

2. 明度

明度是指色彩的深浅和明暗程度，分为高明度亮色、中明度灰色、低明度暗色。明度可以从两个方面理解：一是同一种色相因为光量的强弱产生的明暗变化；二是不同色相之间的明暗差异，如黄色和紫色相比，黄色明度高，紫色明度低，如图3-8所示。

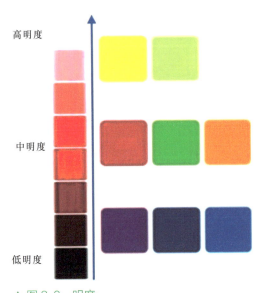

高明度

中明度

低明度

▲ 图3-8 明度

3. 纯度

纯度也称彩度、饱和度，指色彩的鲜艳饱和程度，如图 3-9 所示。原色纯度最高，黑、白纯度最低。纯度高的色彩加入其他色彩调和，纯度随即降低。混合多种色彩，色相感越弱，色彩越灰暗。

▲ 图 3-9　纯度

四、色彩的冷暖

色彩的冷暖是指色彩带给人心理上的冷热感受，是色彩的情感体现。不同色彩使人产生不同的心理联想，感官上产生寒冷或温暖的感受。如红色、橙色等会使人联想到暖阳、火焰，属于暖色，而绿色、蓝色等会使人联想到森林、大海、冰雪等，属于冷色。通常情况下，将十二色环中的色彩冷暖作如图 3-10 所示的区分，斜线右上方为暖色，斜线左下方为冷色。

色彩的冷暖是相对存在的，除蓝色和橙色是色彩冷暖的两个极端外，其他色彩的冷暖感觉会随比照对象不同而产生变化。如紫红色相对玫瑰红来说属于冷色，但和群青色相比则带有暖意。同是暖色的柠檬黄与淡黄相比，柠檬黄比淡黄更冷。绿色和紫色处于冷色和暖色之间，又称为中性色。经过多次调和的色彩成分比较复杂，要根据相对视觉感受确定其冷暖。

色彩的冷暖对比非常重要，在画面中将它们并列呈现，可以相互衬托。熟练运用冷暖对比可以表现丰富的色彩变化。

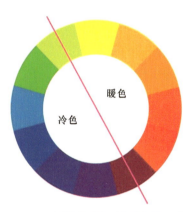

▲ 图 3-10　冷暖色的区分

单元二　色彩关系

一、光与色的关系

色彩会随着环境、光线的变化而产生不同的变化。在进行色彩写生时，需要理解固有色、光源色、环境色三种条件，如图 3-11 所示。

1. 固有色

自然光线下的物体所呈现的自身固有的色彩称为固有色。固有色一般在物体的灰部呈现。

2. 光源色

不同的光源照射在物体上，使物体变得偏冷或者偏暖，这种颜色称为光源色。光源色一般在物体高光亮部表现得尤为突出。

3. 环境色

因为光的反射作用，物体周围环境的颜色会引起物体色彩的变化，这种颜色称为环境色。环境色在物体暗部的反光部分以及边缘变化比较明显。

光源色的冷暖对自然界的色彩变化起着非常重要的作用。在不同光源的影响下，物体亮暗面的冷暖关系总是对立互补出现。其规律为暖色光照射下物体的亮部呈暖色相，相对应的暗部就会呈现冷色相，冷色光则相反。如图 3-12 所示的《干草垛系列之一》，温暖的橙色干草垛，在它们的暗面会呈现出蓝紫色调。

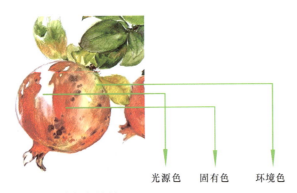

▲ 图 3-11　光与色的关系

光源色　　固有色　　环境色

▲ 图 3-12　干草垛系列之一

二、色调的构建与归纳

色调是指一幅画中色彩的整体倾向，是大的色彩效果。色调的类别较多，按明度分，有亮色调（或称高调）、暗色调；按色温分，有冷色调、暖色调和中性色调；按色相分，有红色调、蓝色调、绿色调等。

通过对色彩的有效控制，可以实现画面色调的和谐统一，更加准确地表达画面的感情色彩。构建色调的方法有很多，可以从以下三个方面来学习。

1. 主导色调

主导色调指画面当中对色调起主导作用的色彩。它可以是画面中占比最大的颜色，也可以是画面中纯度最高的颜色。比如画一筐柿子，高纯度、画面占比最大的橙黄色就是画面的主导色，也是画面的主色调。

2. 光源色调

在有明显光源色的影响下，画面统一染上光源色所构成的色彩调和。比如夕照，夕阳将照射到的所有物体笼罩上一层暖黄色，画面会呈现统一的暖色调。

3. 中性色调

黑、白、灰、金、银五色为中性色。它们中的任何一种，都能独立承担起各种色彩之间的缓冲以及补色平衡的角色。在任何不协调的色彩之间，只要间隔一条中性色线条或者色块，立刻就能实现整幅画色彩的和谐统一。

在绘画过程中，需要客观感受整个画面的基调，并结合自身对画面的理解进行归纳与整合。多样与统一是色块处理、色调构成的基本法则。

单元三　色彩赏析

1.《红、黄、蓝的构成》

蒙德里安被称为艺术界的"几何魔法师"，《红、黄、蓝》系列作品是其代表作。在这个系列中，画家用纯度极高、色相明确的红、黄、蓝三原色以及黑、白中性色进行了巧妙的组合搭配，使得整个画面和谐而又鲜明，充满张力，令人印象深刻。人生也如色彩作品，要善于利用每一次机会搭建广阔舞台（图 3-13）。

▲ 图 3-13　红、黄、蓝的构成　作者：蒙德里安（荷兰）

2.《静物》

莫兰迪是意大利著名的版画家、油画家。莫兰迪的作品色彩简单却不单调，追求对抽象和具象边界的探索，表达细腻而微妙的情感。画家擅长运用明度相近、低纯度的灰色调，使得各种色彩（包括对比色）能在他的画作中和谐共处，整体上给人带来平和舒缓、淡然静谧的感受。不同的配色方案会形成不同风景，年轻人待人处事也不能循规蹈矩、墨守成规，要懂得从事实出发，具体问题具体分析（图 3-14）。

▲ 图 3-14　静物　作者：莫兰迪（意大利）

3.《静物》

保罗·塞尚，法国著名画家，被誉为"现代艺术之父"。他的作品强调物体的体积感，在色彩表达上更重视主观感受。图 3-15 是一幅暖色调作品，塞尚用明快丰富的色彩实现了严谨有序的画面结构，通过色彩对比、冷暖变化来表现画面中物体的立体和深度，创造出画面的空间感。

▲ 图 3-15　静物　作者：塞尚（法国）

4.《向日葵》

《向日葵》系列是荷兰画家梵高的经典代表作，画作热烈奔放、激情四溢，充满了对生活的热爱和对美的追求。图 3-16 以画家偏爱的高明度、高纯度黄色为主色调，通过土黄色、柠檬黄及中黄色等明亮的黄色系组合，以及坚实有力的线条笔触，把向日葵描绘得饱满绚丽、璀璨夺目。梵高曾说："我想让我的画像那些鲜艳的颜料一样，永远保持新鲜。"

▲ 图 3-16　向日葵　作者：梵高（荷兰）

5.《睡莲》

《睡莲》组图是印象派大师莫奈晚年最重要的作品。他对于光和影的瞬间捕捉和气氛表现在该系列作品中达到了登峰造极的地步。我们可以从画面中感受到光影重重，感受到水波流动，画面的主体睡莲则被相对弱化了。在图 3-17 中，莫奈运用了纯度较高的各种色彩，以细小密集的笔触独立排布在画面上，保持了池塘整体的高明度，又能通过观者眼睛的视觉混合实现色彩调和的效果，丰富而有层次。画面充满活力，又温柔宁静。

▲ 图 3-17　睡莲　作者：莫奈（法国）

6. 敦煌壁画——舞乐图

敦煌壁画是中华民族文化瑰宝，也是一条绵延一千多年的历史画廊，被誉为"墙壁上的美术馆"，在结构布局、人物造型、线条勾勒、赋彩设色等各个方面都代表了中国壁画艺术的高峰。

在中国古代，绘画亦称丹青。"丹青"的基础五色为：青、黄、赤、白、黑。智慧的古人在历史长河中不断从天然矿物和植物中取材，提炼出各种传统的中国色彩并赋予它们雅致至极的名称：天青、月白、苍绿、黛蓝、绛紫、妃红、胭脂、朱砂、百草霜、蟹壳青、荷茎绿、十样锦……敦煌壁画使用了百余种中国传统色彩，丰富而绚丽（图 3-18）。不同朝代的壁画有着各自鲜明的特征，或浓郁，或清雅，或明艳，或温和。每个洞窟的壁画，都有主色调统一画面，同时又精心设计了色彩的对比衬托，使其均衡和谐、古朴典雅、气韵生动，极具美感。

▲ 图 3-18 敦煌壁画——舞乐图

模块四
彩铅风景画

【模块概述】

本模块详细阐述彩铅的特点与呈现效果。从彩铅的材料与工具入手，学习彩铅的基本技法，并循序渐进绘制出完整的风景画。此外，彩铅的兼容性使其成为马克笔、色粉笔、油画棒等其他媒介的"完美搭档"。本模块还用解说、过程图片与教学视频等形式介绍了风景的组合画法。

【知识目标】

（1）了解彩铅画的优势与特点。

（2）了解彩铅的性能与分类。

【技能目标】

（1）练习彩铅的排线技巧。

（2）练习彩铅干画法。

（3）练习彩铅湿画法。

（4）练习彩铅平涂法、褪晕法、叠彩法、留白法。

（5）学习彩铅风景画的综合应用。

（6）学习彩铅与马克笔的组合画法。

（7）学习彩铅与色粉笔的组合画法。

（8）学习彩铅与油画棒的组合画法。

单元一　彩铅基础知识

彩色铅笔（简称彩铅）是一种很常见的绘画工具，使用方便、颜色细腻，能够做出非常多的层次效果，而且携带方便，随时用于观察记录生活，捕捉灵感，为创作累积素材。

一、认识彩铅画

彩铅画是一种综合了素描和色彩的绘画形式，其独特性在于色彩丰富且细腻，可以表现出较为轻盈通透的质感，也是很具有生命力和表现力的绘画。它既有基本的素描绘画形式，又有艳丽的颜色搭配，可以进行创作、写实等多种画法呈现，既能快速出成品效果，又能表现高端油画的精微质感，可以使画者对形体和颜色的搭配有着相当大的认识和提升。彩铅属于绘画领域的新兴产物，可搭配各种绘画材料混合使用，以突出画面效果。图 4-1 所示的逼真水果就是作者用彩色铅笔绘制的。

▲ 图 4-1　柿子　作者：孟祥雷

1. 彩铅画的优势

➢ 干净简单

对于绘画者来说，彩铅画材更干净，携带更方便，没有油画的颜料刺鼻，也不像水彩需要用水调和。彩铅的色彩和材料更容易掌握。

➢ 操作性强

与其他色彩颜料相比而言，彩铅的操作性会更强。在画纸上表达色彩深浅和颜色过渡时，使用颜料不太容易掌握手感和力度，彩铅则可以用不同颜色和排线密度去达到所需效果。

➢ 作画精细

彩铅的独特性在于色彩丰富且细腻，可以表现出较为轻盈、通透的质感，这是其他工具、材料所不能达到的；而且使用彩铅可以更好地训练色彩感知力和造型能力。

➢ 表现力强

彩铅综合了素描和色彩，表现力很强，且很有趣味性。

2. 彩铅的分类

彩铅大致可以分为油性彩铅和水溶性彩铅两种，见表 4-1。

➢ 油性彩铅

油性彩铅是一种蜡基质，笔更光滑，有光泽，且颜色相对明亮，笔芯坚硬，容易描绘细节，但不容易叠颜色，会出现打滑现象，不能再次上色，更适合干燥的绘画和细节。油性铅笔对初学者来说，不好把握下笔的力度，所以不推荐初学者使用油性彩铅；但当有了一定的绘画基础之后，可以根据需要，添加油性彩铅。油性彩铅颜色比较鲜亮，画出的作品色彩饱和度会更高。

表 4-1　彩铅的分类

类型	优点	缺点	适用场合
油性彩铅	防水性更好 耐光性强	铅质比较硬 显色度略差	适合打线稿、勾勒轮廓
水溶性彩铅	着色性强 色彩鲜艳 遇到水可以达到类似水彩的渲染效果	铅质软；易断 消耗快、不耐用	适合大面积铺色、着色、晕染

➤ 水溶性彩铅

水溶性彩铅是一种水溶性介质，容易叠加，可以产生一定的变化效果。笔芯柔软，适合大面积着色，易着色，易叠色，能更好地表现出彩铅的特点；但水溶性彩铅很难形成平滑的色层，并且多少会留下笔触，易形成色斑。水溶性彩铅能够同时画出像铅笔一样的线条和水彩一样绚烂的效果，用含水的笔涂抹画面上的颜色时，颜色会互相混合，能创造出独特的绘画风格。不同品牌的水溶性彩铅，效果也不同，可混色使用。

二、彩铅画的工具与材料

1. 彩色铅笔（图 4-2）

➤ 标准版

红盒辉柏嘉 48 色水溶性彩铅。性价比较高。与高配版相比，标准版的水溶性彩铅笔芯较硬，适合刻画细节。画出来的彩铅画比较细腻逼真，价格适中，比较适合初学彩铅者使用。

➤ 高配版

霹雳马、三菱、卡达、绿辉。

彩铅的握笔方式相对比较自由，以放松力度、下笔轻、认真仔细、均匀涂色为重点。

需要大面积涂色时，比如画星空、大海、草原这类大面积平涂的颜色，一般采用侧卧的方式，这样将笔尖与纸的接触面倾斜变大后，由于力道没有集中在笔尖上，涂色的笔触痕迹不够明显，

▲ 图 4-2　彩色铅笔

可以最大限度地扩大铺色面积，这样画出的线条比较长，涂色面积宽，并使下笔力度变轻，使上色更为均匀，同时也可以使用纸巾或纸笔、眼影棒来涂抹排线，使颜色更为柔和。

画到精致处，比如细线或边缘线时，铅笔要削得很尖，同时握笔也要竖起来，放松力度轻轻地画，

像写字一样自如。

2. 彩铅纸

➤ 标准版

飞乐鸟彩铅纸。对于初次接触者，推荐使用飞乐鸟彩铅纸，彩铅纸规格300g，16K（油性）。这款纸张厚度适中且纸面光滑，适合层层叠色，不会将纸张画毛，类似白卡纸，色彩还原度高。

➤ 高配版

细纹水彩纸。细纹水彩纸纸面光滑坚实，但价格较贵，适合有一定绘画基础、对画质有更高追求的绘画者选用。

比起素描纸，用彩铅纸和水彩纸画彩铅，画面更耐叠色，作品也会更加细腻。素描纸上色的时候容易划花纸张，叠色效果差，而且纸面粗糙的素描纸还会出现明显的噪点。

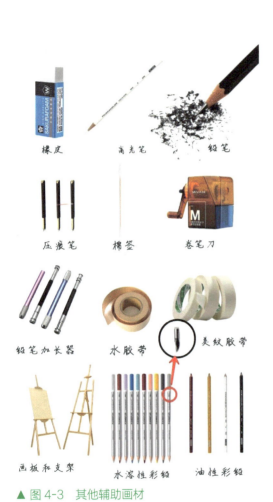

▲ 图4-3　其他辅助画材

3. 其他辅助画材（图4-3）

➤ 铅笔

彩铅画打底稿用铅笔，建议使用HB或者2B的铅笔。可以用普通的素描铅笔，也可以采用自动铅笔。自动铅笔笔芯细，省去了削笔的麻烦。

➤ 橡皮

橡皮既可以擦除修改部分，局部调整，还可以擦出线条的感觉。橡皮擦可以准备普通橡皮或可塑橡皮。可塑橡皮可以很好地把画面残余的铅笔线稿或色粉颗粒清理掉，也可以随意捏成任何形状，用来擦高光或者减淡铅笔印，使用的时候注意要像粘东西一样按压，把铅粘掉，而不是蹭掉，这种橡皮不会产生橡皮屑。但相比之下，普通橡皮的擦净力更强。

➤ 棉签

可以柔化色彩，让色彩渐变看上去柔顺自然。此外，化妆用的眼影棒，较棉签耐用，且更细腻。

➤ 高光笔

高光笔的作用类似于高光橡皮和过渡笔，画彩铅时，在画面已经完成的基础上，再用它画出白色部分，一般多于绘制物体的高光、动物的毛发或胡须，或者给人物眼睛点高光。此外，也可以用纯白的水粉颜料代替高光笔。

➤ 压痕笔

常用于刻画较为细致的线条的留白，比如动物毛发的质感、树叶的叶脉等。可以用没有水的中性笔或者牙签代替。

➤ 卷笔刀

画彩铅画的时候，如果彩铅钝了就会影响作画效果，所以卷笔刀是必备的。卷笔刀有普通卷笔刀、手摇卷笔刀和电动卷笔刀，性价比较高的是素描手摇卷笔刀，这种卷笔刀削出来的笔芯较长，更加耐用。

➤ 美纹胶带

美纹胶带是低黏度的纸胶带，可以起到固定画纸的作用，撕掉时不伤纸。避免在绘画的过程中让画纸移动，以免影响绘画的效果。

➤ 铅笔加长器

彩铅用到很短的时候可以插上铅笔加长器，延长其使用寿命。

➤ 水胶带

水胶带是一种遇水产生黏性，用于裱纸的胶带。用水胶带裱纸，可以更好地拉伸纸张，便于后期用水处理画面时保持纸张的平整。

➤ 画板画架

如果画幅较小，建议用空心画板，画面平整、轻便，价格适中。实心画板相对笨重。作画的时候，如果是固定画面的长期作品，建议结合画架或者画桌来放置画板；而外出写生则建议使用铝合金画架，质量轻，方便携带，还可收缩。

三、水溶性彩铅的技法与练习

在绘画中，技法通常需要顺应材料的特性。水溶性彩铅的技法相对来说比较简单，主要分为干画法和湿画法，或干湿结合的方法。用干画法时，水溶性彩铅就像普通的铅笔一样，结合素描的线条来进行塑造。湿画法是在干画法基础上，画好后用蘸水的毛笔在上面涂抹，使颜色溶化，产生像水彩一样的肌理。如果用彩铅直接蘸水画，可以画出很利落的线条，还可以在画面上自由混色。

1. 干画法

干画法一般是运用彩铅均匀排列出铅笔的线条，达到色彩一致的效果，也可用两种或两种以上颜色叠加使用，使变化更加丰富。干画法在用笔过程中，笔触较为明显，利用色块与色块之间的衔接或叠加塑造形象，用笔干脆利落，边线分明。干画法一般由浅色铅笔开始，逐步利用叠色的方式层层叠加进行着色。在着色过程中要注意色彩的搭配和色彩的冷暖关系，以表达不同物体的质感和颜色。如图 4-4 所示的岩石由图中的 15 支笔排线叠色而成。

▲ 图 4-4　干画法　作者：高　钰

▲ 图4-5 湿画法 作者：高 钰

2. 湿画法

湿画法也称水溶褪晕法，利用水溶性彩铅溶于水的特点，将彩铅线条与水融合，达到褪晕的效果。彩铅的色彩丰富且细腻，可以表现出较为轻盈、通透的质感，这与水彩画的绘画风格有异曲同工之妙。相对水彩来说，彩铅更容易掌握。彩铅的绘制技巧可以借鉴水彩的特点——颜料一层层涂在白纸上，犹如透明的玻璃纸叠摞之效果。我们可用不同的力度进行排线，反复上色，刻画出如水彩般梦幻、诗意的境界。如果用水溶性彩铅与水彩相结合的方式来作画，并且利用彩铅对水彩的部分再加以细部修正，画面会产生更微妙的感觉。图4-5中，10种颜色的彩铅在清水中变得柔和，彼此相互融合。

四、油性彩铅的技法与练习

油性彩铅是在铅芯中加入了蜡，使铅芯变得较软，在涂色时会感觉很顺滑，涂出来的颜色比较光亮。油性彩铅色彩鲜艳厚重，层层叠色，呈现丰富的层次感。油性彩铅具有良好的防水性，不易褪色，并且附着力较强，可在不同的材质上表现。油性彩铅耐光度极强，使色彩耐光持久，可使作品保持原有的亮丽色彩。

绘画技法是帮助我们实现绘画效果的手段，一切技法都要服务于自然对象与感受；利用绘画工具的优点，表达不同物象的质感，也是实现对绘画形式的语言提炼。油性彩铅有很多不同的表现技法，例如平涂排线法、单色渐变、叠色法、留白法，都是服务于对物象特征的表现，技法的丰富性也是实现绘画细节的条件。

1. 平涂排线法

在使用平涂排线法（图4-6）的时候，要注意线条的方向，轻重也要适度，否则就会显得杂乱无章。另外，在运笔时，需要粗的时候用笔尖已经磨出来的楞面来画，需要细的时候用笔尖来画。当然，线条的变化根据画面需要还可以有更多的表现方式，因为艺术的本身是自由而不是约束。

2. 单色渐变法

单色渐变法（图4-7）是在平涂法的基础上通过握笔力度的轻重使颜色产生深浅变化。笔触的方向尽量保持一致，微微向外倾斜，保持形式美感。渐变法是对色阶的诠释，用色准确，下笔果断，加大力度，拉开明暗对比。运笔的时候，用力较重会使画面比较粗重，但色彩相对饱满；用力较轻可以使色调与纹理混合搭配比较细腻，但画面容易发灰、偏浅。

▲ 图4-6 平涂排线法 作者：高 钰

▲ 图4-7 单色渐变法 作者：高 钰

3. 叠色法

叠色法就是运用彩铅排列出不同色彩的铅笔线条；色彩可重叠使用，变化较丰富。因为彩铅是半透明材料，所以着色应该按先浅色后深色的顺序进行，否则画面容易深色上翻，缺乏深度。最后几次着色的时候可以把颜料颗粒用力压入纸面颜色，呈现些许混合，并使表面光滑，如图 4-8 所示。

4-1 彩铅平涂法

4. 留白法

留白法主要用来刻画植物的细节或者动物的毛发、人物的皮肤等，画面需要留白时可能还需要借助辅助工具，例如压痕笔、留白液等。留白法很多时候会跟其他技法融合使用，让画面更加丰富。

▲ 图 4-8 叠色法 作者：高 钰

彩铅排线练习

作业要求：临摹图 4-9，通过对握笔方式、用笔力道、运笔方向的了解，用直线或者曲线来画出羽毛。

▲ 图 4-9 排线法绘制羽毛 作者：赵泽亮

单元二 彩铅画的画法与步骤

彩铅使用方便，技法易于掌握，较容易控制画面的整体效果，绘制速度快，空间关系表现丰富，色彩细腻；但彩铅也有很多的局限性和不足，为了更好地表达画面，需要几种不同工具同时表现。

一、彩铅风景画练习

彩铅是线条组成的艺术，跟铅笔和钢笔一样，用排线组成面和体块；但是和铅笔不同的是，除了明度变化外，彩铅的明暗关系还伴随着色相和纯度的变化，因此，彩铅的绘制顺序比铅笔素描更加多样化，带有明显的个人风格。

1. 山林清泉

➤ 第一步：局部进行配色实验

彩铅画的第一步可以是确定整体明暗关系，也可以从局部入手，测试配色，确定整体画面的色调。图 4-10 确定了画面温暖的黄色与暗部丰富的蓝紫色为主色调。

➤ 第二步：确定"三大调子"

局部配色后最好全图铺一遍底色，并分出亮面、灰面与暗面。注意"三大调子"要伴随着色相的变化而变化。图 4-11 的底色中，用到 30 支不同颜色的彩铅。

▲ 图 4-10 局部进行色彩实验 作者：高 钰

▲ 图 4-11 确定"三大调子"

4-2 彩铅
风景

➤ 第三步：深入刻画

按照整体的配色刻画更细腻的光影变化和质感，如图 4-12 所示。

➤ 第四步：全局调整画面，加入高光

彩铅叠加后可能颜色深不下去，可以通过加水涂刷画面，去除颜料的蜡质。水分干透后继续上色，加重明暗交界线与阴影部分。最后用高光笔提亮浪花部分，如图 4-13 所示。

▲ 图 4-12 深入刻画

▲ 图 4-13 全局调整画面，加入高光

2. 门前花艺

➤ 第一步：铅笔起形

此图绘制于色卡纸上，因此上色前就已经有一个底色。亮面需要淡色彩铅或白色彩铅提亮。这一步只需有个大致的形状即可，也可以适当增加一点结构上的明暗关系。接着用亮一点的彩铅再一次增加结构和明暗关系，在彩铅上色开始就需要遵循两个原则："轻"和"多次"。这时往往不需要刻画太多细节，绘画要从整体出发而不是局部，如图 4-14 所示。

4-3 门前的园艺

➤ 第二步：铺色与叠色

铺画完大致的固有色和刻画完大致的细节之后，就可以自视觉中心点开始进一步刻画。视觉中心点往往是刻画得最仔细的地方。刻画的方法如之前一样，一遍一遍地铺色叠色。这时需要观察物体色彩的倾向，比如门的固有色是棕褐色，但是有些位置的颜色会受环境的影响或者本身就有颜色的变化，在叠色的过程中就需要叠加相应的颜色不断进行调整，直到得到想要的颜色，如图 4-15 所示。

▲ 图 4-14　铅笔起形　作者：边弘扬

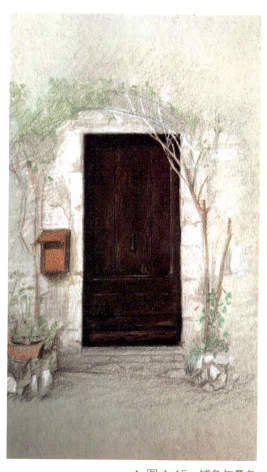

▲ 图 4-15　铺色与叠色

➤ 第三步：刻画细节

对于叶片的刻画，可以用写意的方式，而不是一片一片地去刻画，这幅画的尺寸本身不大，所以更难做到将每一片叶子画得非常清晰。因为在彩铅中，黄色系和绿色系中亮点的颜色叠色能力都不强，所以需要在一开始就画出亮部，然后压暗暗部来增强对比，使得叶子更有层次感。墙面是这幅画中最容易刻画的地方，需要注意的就是不要过于注重细节，而是跟着视觉感受走，如图 4-16 所示。

➤ 第四步：调整全局

任何绘画作品都要有虚有实，不能将所有内容都刻画得精致入微。一般来说，重点表达的视觉中心画得细而实，其他部分要渐渐粗而虚，这样才能和视觉中心拉开差距，产生空间感，如图 4-17 所示。

▲ 图 4-16　刻画细节　　　　▲ 图 4-17　调整全局

二、彩铅与其他媒介的组合练习

1. 彩铅与马克笔

马克笔是一种书写或绘画用的彩色画笔，本身含有墨水，墨水易挥发，多用于一次性的快速绘画。

马克笔的笔头粗细、运笔力度与运笔角度都和笔触有紧密的联系，在画线条时，应让马克笔笔头紧贴于纸张，用笔时要快速、肯定、用力均匀。下面以一张雪中的谷仓来演示两种媒介共同使用的绘制方法。

4-4 彩铅与马克笔

➤ 第一步：铅笔绘制底稿

铅笔对画面进行构图，绘制控制线与大体轮廓。对于雪景来说，画面的形体基本上可以抽象为"黑白对立"，即被雪覆盖的与没有被雪覆盖的，因此图 4-18 的构图用群青色的彩铅勾勒雪的轮廓，将黑白区分开来。

▲ 图 4-18　绘制底稿与构图　作者：高　钰

➤ 第二步：彩铅铺画面主色调

　　彩铅用线飘逸，且适合画曲线比较多、细节较多的形体。将马克笔和彩铅结合起来进行创作，可以充分发挥它们各自的优势，从而画出更出彩的作品。至于彩铅和马克笔哪个先用，并没有特定规律，一般会根据作品的内容而定，也会受到绘画者个人的习惯影响。图 4-19 是先用彩铅铺画面的主色调。

▲ 图 4-19　彩铅铺画面主色调

马克笔不仅可以笔触明显、苍劲有力、对比明确，还可以笔触模糊、过渡自然、对比柔和。马克笔还有渗透性强的优点，可以加入深颜色，拉开画面的明暗对比，如图 4-20 所示。

▲ 图 4-20　马克笔加入暗面与线条

➤ 第四步：用彩铅刻画细节并加入高光

马克笔色彩鲜艳，上色快捷，可以用来画深色调，让画面鲜亮起来，然后利用彩铅刻画细节的能力，在马克笔的基础上进行细节的深入刻画，两者结合之后就是锦上添花。绘制高光的材料除了前文介绍过的高光笔外，还可以用白色的水彩或丙烯颜料，如图 4-21 所示。

▲ 图 4-21　彩铅刻画细节并加入高光

2. 彩铅与色粉笔

色粉笔有着极其独特的质感，色彩丰富、鲜艳亮丽，但质感粗糙、笔头比较粗，在刻画细节的时候就会相对吃力，通常需要结合彩铅的细节刻画能力。彩铅与色粉笔结合会更大地展示两者的优势，让色彩更加柔和通透，质感更精致。

4-5 色粉与彩铅

➤ 第一步：色粉笔铺画面主色调（图 4-22）

▲ 图 4-22　色粉笔铺主色调　作者：赵泽亮

➤ 第二步：彩铅刻画细节（图 4-23）

▲ 图 4-23　彩铅刻画细节

3. 彩铅与油画棒

油画棒是一种棒状油性画材，由颜料、油、蜡的特殊混合物制作而成。它混色自然且色彩浓郁丰富，富有肌理。油画棒一般质地都较软，在涂画时痕迹比较厚，这也就成了油画棒刻画细节时的劣势；而当刻画细节时，就需要利用刻刀、刮刀、牙签等尖锐物体一点点将油画棒刮涂，让细节更加生动。

➢ 第一步：起稿构图

观察所画风景，进行画面构图，用彩铅轻轻勾画出园林小景的轮廓。注意构图的合理性，景物造型与透视的准确性，如图 4-24 所示。

➢ 第二步：彩铅铺大致明暗关系

分析所画风景，进行画面黑、白、灰层次的分析与概括，用彩铅画出园林小景的大体明暗和虚实关系。此时不需要过分刻画细节，如图 4-25 所示。

▲ 图 4-24　起稿构图　作者：邵黎明

▲ 图 4-25　彩铅铺大致明暗关系

➢ 第三步：深入刻画并调整统一

分析所画风景的色彩关系，用油画棒表现出园林小景的色调，景物空间层次清晰，用笔既有整体概括，又有局部较深入的刻画，尽量表现出景物各自特有的质感。刻画风景做到既丰富又不失整体性，如图 4-26 所示。

▲ 图 4-26　彩铅刻画细节

单元三 彩铅画赏析

1.《不再是少年》

人像是彩铅常用的绘画题材，它可以充分体现彩铅的细腻与色彩变化的丰富。人像相比于其他题材，对形似的要求更高，因此需要掌握基本的人体结构，并以此分析正确的光影关系（图4-27）。

2.《少女》

彩铅是一种表现力极强的媒介，不受题材的限制。艺术创作者也力求探索各种主题，并把它们发挥到极致。初期的彩铅仅仅是一种简单的绘画辅助工具，随着时代的发展，艺术家们和材料科学家们融合各种绘画媒介的意境，将彩铅画发

▲ 图4-27　不再是少年　作者：孟祥雷

展到可以与油画相媲美的高度。图4-28中的少女表情传神，光影丰富，虚实相间，栩栩如生。

▲ 图4-28　少女　作者：孟祥雷

3.《纸袋中的红樱桃》

图 4-29 中采用了中国传统绘画的构图与用色特点，使观者更容易产生共鸣。在艺术创作上，民族的才是世界的。激发全民族文化创新创造活力也是艺术家的使命之一。

▲ 图 4-29　纸袋中的红樱桃　作者：孟祥雷

4.《鸿蒙·孕育》

图 4-30 绘制于深灰色卡纸上，采用铅芯较软的彩铅，用"增亮"的方式，让画面逐渐浮现。这也呼应了作品的立意——孕育。画作中暗含着对未来的期许与教育的重要性。

▲ 图 4-30　鸿蒙·孕育　作者：边弘扬

5.《透明的和不透明的》

玻璃制品是画家最喜欢挑战的艰难任务之一。绘制玻璃制品时需要考虑两个问题：一是高光，它是表达玻璃光滑质感的关键；二是透明玻璃制品背后的物品，这些物品的色相、明度和纯度都会受到玻璃的影响，同时还会产生各种变形。因此要求创作者观察入微，不断尝试。年轻学子也要具备工匠精神，谦虚谨慎、一丝不苟（图4-31）。

▲ 图4-31　透明的和不透明的　作者：边弘扬

6.《毒液》

绘画不仅仅是技术，更是生活，生活中的一切皆可以入画。彩铅既是画家青睐的媒介，又是设计师常用的工具，还可以用来绘制生活日记。绘画伴随着我们的分分秒秒，陪伴着我们心情的起起落落。它既可以成为表达设计效果图的工具，也可以作为疗愈内心和抚慰心灵的朋友（图4-32）。

▲ 图4-32　毒液　作者：边弘扬

7. 动物三幅

动物是热爱自然、热爱生灵的艺术家最青睐的主题之一。绘画动物时有两大难点，一是动物毛皮或羽毛的质感，二是主体与背景的关系。同学们要注意观察实物，并适当临摹优秀作品，克服困难（图 4-33~ 图 4-35）。

▲图 4-33　马　作者：方　寸

▲图 4-34　猫头鹰　作者：马　行

▲ 图 4-35　浣熊　作者：马　行

8.《姐弟俩》

　　现代画家的题材越来越多地关注乡村生活，关心社会问题，以自己的方式表达对农村建设的期许。绘画不仅仅是形似和神似，更要让作品有内涵，传递某种理念和情感（图 4-36）。

▲ 图 4-36　姐弟俩　作者：方　寸

9. 插画两幅

艺术是通向美的桥梁，它可以洗涤人的心灵，激发人的善心。沉酣在梦呓中的人们被唤醒，惺忪的睡眼被光沐浴一番，马上就融入空气之中。捕捉到的不只是形状、光线和阴影，那转瞬即逝的梦幻场景，像一阵温暖的风一样。图4-37和图4-38是充满梦幻色彩的插画，是对上述文字的可视化说明，但是插画不仅仅是文字的辅助，更是严肃绘画的重要体裁。

▲ 图 4-37　澈月　作者：郝绍豪

▲ 图 4-38　夏夜　作者：郝绍豪

模块五
马克笔淡彩风景画

【模块概述】

马克笔作为设计行业最流行的媒介之一，有其独特的笔法与配色方法。本模块需要在完成钢笔风景画的训练之后再学习，因为马克笔的色彩依附于钢笔线条之上。可以通过从单体到整体的训练，练习马克笔的上色技巧。

【知识目标】

（1）了解马克笔的形态特点。

（2）了解马克笔的笔头与笔触。

（3）避免马克笔的常用错误。

（4）了解马克笔的配色方案。

【技能目标】

（1）掌握马克笔的笔法与运笔方式。

（2）掌握马克笔的不同质感表现。

（3）掌握马克笔干画法与湿画法。

（4）掌握马克笔的植物画法（花草、单棵阔叶树、针叶树、热带植物及其组合）。

（5）掌握一点透视、两点透视中马克笔的上色技巧。

单元一　马克笔基础知识

马克笔具有作图快捷方便、效果清新雅致、表现力强的特点，一直受到设计师的青睐。马克笔使用时不需要其他颜料和溶剂，着色快，干燥时间短，非常适合快速徒手表现。

一、马克笔概述

马克笔又名高级多色型记号笔，音译也称为麦克笔，是一种书写或绘画专用的彩色笔，本身含有墨水，附有笔盖。马克笔的原理是利用人造纤维做成的笔头，把笔杆贮存的液态墨在书写或绘画过程中平均缓慢地渗出来。马克笔的颜料具有易挥发性，用于一次性快速绘图。马克笔常用于设计物品、广告标语、海报绘制或其他美术创作等场合，可画出变化不大的、较粗的线条。

根据笔头的软硬程度不同，马克笔主要分为软头和硬头两种。软头马克笔售价较高，适用于动漫设计、服装设计、装饰画创作；硬头马克笔价格适中，常用于建筑、园林、景观、室内表现。根据墨水性质不同，马克笔分为水性马克笔和油性马克笔两种。水性马克笔的墨水类似彩色笔，是不含油精成分的内容物，油性马克笔的墨水因为含有油精成分，所以味道比较刺激，而且较容易挥发。此外，马克笔有不受气压和重力限制的特性，常为宇航员在太空中使用，但要选择水性或低发挥颜料为宜。常用马克笔如图 5-1 所示。

1．马克笔的形态特点

马克笔的颜色丰富，每个系列颜色都有对应的色号，方便使用者更好地选择颜色。在园林手绘中，

5-1 马克笔的线条训练及常见错误

大致将颜色分为纯色系、灰色系、点缀色三大类，通常以"颜色英文首字母＋数字"来区分，例如"Y12"表示黄色 12 号色，其中"Y（Yellow）"表示黄色系。"纯色首字母＋灰（Grey）英文首字母＋数字"代表灰色系列，例如"YG102"表示黄灰色 102。在手绘表达中，各种灰色系是主流，纯色多用于表达植物或者特殊构筑物，点缀色用于绘制特殊元素，因而占比最少。

马克笔上色以笔块为主，排笔时要按照各个块面结构有序地排整，否则容易画乱，如图 5-2 所示。

▲ 图 5-1　常用马克笔

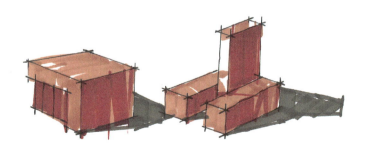

▲ 图 5-2　马克笔色块的排列　作者：高　昭

2. 马克笔的笔头形态

马克笔分宽头与窄头，宽头部位一般用于大面积着色（图 5-3a），稍加提笔可以让线条变细（图 5-3b），翻转笔头方向，可以用顶端画出纤细的线条（图 5-3c），而窄笔头则可以画出较细的线条，比较适合处理画面细节（图 5-3d）。

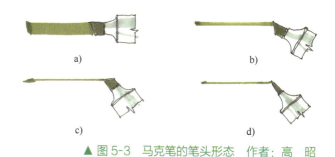

▲ 图 5-3　马克笔的笔头形态　作者：高　昭

二、马克笔的运笔

1. 笔法

马克笔和钢笔虽然形态不同，但笔法如出一辙，着色时要注意笔触的线条感，用笔关键在于"稳定"，每一次下笔都要大胆明确和稳定，而匆忙落笔、线条潦草、拖泥带水是笔法的大忌。此外，还要做到心态放松、自信，敢于表现，只有这样，画出的园林表现图才通透、大气、有张力，如图 5-4 所示。

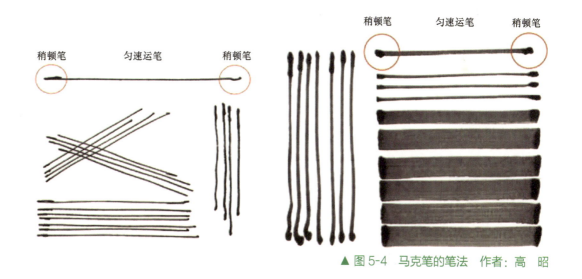

▲ 图 5-4　马克笔的笔法　作者：高　昭

2. 运笔

马克笔的运笔要快速、明确、一气呵成，并且追求一定力度，每条线或每个面都应该有较清晰的起笔和收笔痕迹，同时应该注意马克笔的油墨特点和不同纸媒介的特性，有些纸质极易产生洇纸的现象，因此运笔的速度也要稍快，这样才能体现出干脆、有力的效果，如图 5-5 所示。

一幅园林手绘表现图中的物体如果全是单层直线笔触，画面就会显得很呆板，不够丰富且整体感较弱。因此在创作中时需要进行笔触叠加和过渡，它能产生丰富自然且多变的微妙效果。笔触过渡表现的做法是：当笔触摆到块面一半左右位置时，开始利用"折线"的笔触形式逐渐拉开间距，以近似"N"或"Z"字形的线条去做过渡变化。常用技巧是收笔部分以细线条来表现，如图 5-6 所示。

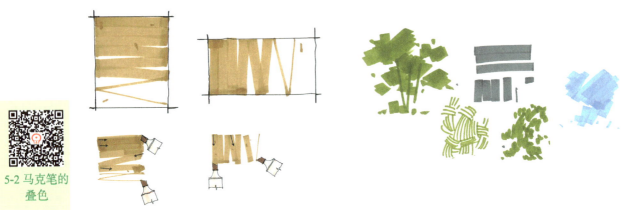

▲ 图 5-5　马克笔的运笔　作者：高　昭

▲ 图 5-6　马克笔的笔触　作者：高　昭

初学者容易出现的问题如下。

➢ 运笔胆怯，拖泥带水，不敢一气呵成，线条无力（图 5-7a）。

➤ 运笔抖动，出现锯齿感（图 5-7b）。

➤ 收笔草率，线条不完整（图 5-7c）。

➤ 接触不均，笔尖没有均匀接触纸面，线条拖沓（图 5-7d）。

▲ 图 5-7　初学者容易出现的问题　作者：高　昭

三、马克笔着色技巧

马克笔着色分为干画法和湿画法。马克笔干画法是指第一层颜色干透后再涂第二层颜色，先浅色后深色，笔触肯定、干脆、富有力量，多用于表达特殊质感纹理和硬性材质的光感和倒影等（图 5-8 和图 5-9）。马克笔湿画法是指在底色未干时上第二遍颜色，或者利用墨水饱满的马克笔在纸上反复揉、点，使色彩之间产生柔和过渡和相溶的效果，这种笔法笔触感比较弱，更接近水彩画法（图 5-10 和图 5-11）。

▲ 图 5-8　干画法笔触效果　作者：高　昭

▲ 图 5-9　干画法举例

▲ 图 5-10　湿画法笔触效果

▲ 图 5-11　湿画法举例

　　马克笔覆盖力有限，一般白色颜料很难附着在酒精或者油性彩墨上。留白技法是马克笔表现的特点之一，同时也考验创作者的能力，这就需要我们在下笔时心中有预判，在绘图中多以留白表现受光面和高光位置，这样能让手绘表现图"透气"，如图 5-12 所示。另外，也可以用高光笔或者修正液来提白。

▲ 图 5-12 利用留白表现光感 作者：王美达

　　马克笔的另一个特点就是"包容"，在表达特殊材质时可以将它和彩铅、色粉笔等搭配使用，例如：粗糙的景墙、斑驳的墙面、木栈道、天空等。一般先用马克笔浅色打底，再用彩铅叠加，如图 5-13 所示。

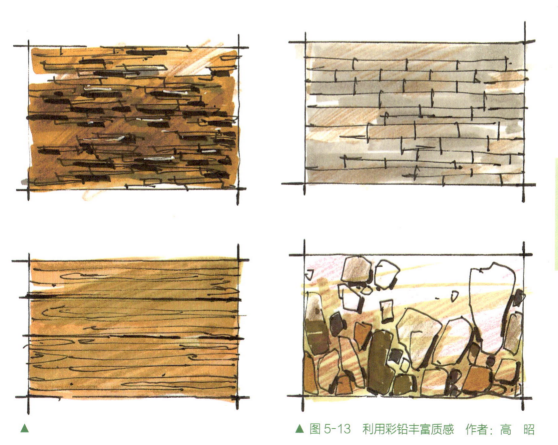

5-3 马克笔
墙面的绘制

▲

▲ 图 5-13 利用彩铅丰富质感 作者：高　昭

四、马克笔用色与色彩搭配

初学者在训练时要多进行一些色彩过渡以及配色练习（图 5-14），了解哪些颜色混合容易"脏"，哪些颜色搭配更漂亮，并且可以记录下来经常使用。"脏"色要及时替换色号调整搭配；相对而言，不同色系搭配混色更容易使画面显得杂乱，但是也容易带来惊喜，如图 5-15 所示。

▲ 图 5-14　同类色渐变训练　作者：高　昭

▲ 图 5-15　不同色系搭配尝试　作者：高　昭

五、马克笔配色方案

配色对于马克笔绘画来说至关重要，初学者建议参考一些成功的配色方案模拟绘制。表 5-1 所示为灰色系马克笔的配色方案。

表 5-1　灰色系马克笔的配色方案

绘制部位	灰色系种类			
	暖灰系（WG）	冷灰系（CG）	蓝灰系（BG）	绿灰系（GG）
建筑	地面、石墙、石块	白墙、水泥	光面的白色墙面 玻璃上的投影色与暗部叠加色（BG5 或 BG7）	—
景物	树枝	树冠加重色（CG9）	远景水体、水体加重色	背景树（GG3 或 GG5） 树冠加重色（GG7）
其他物体	暖色物体的暗部及投影	灰色或白色物体的暗部及投影 金属、不锈钢	偏蓝冷色物体的暗部及投影	偏绿冷色物体的暗部及投影

为了达到丰富的画面效果，绘制马克笔画的时候，会用多支笔表现同一个物体的不同色相、明度和纯度关系，以及光影产生的色彩变化。表 5-2 以千彩乐和斯塔牌马克笔的色号为例，列出了常用色系的配色笔号。此色号也适用于 Touch 和 AD 牌马克笔。

表 5-2　常用色系的配色笔号

色系	色彩叠加方案（可从中选择部分阶段使用）
红色	28+16+94+WG7+WG9
黄色	9+15+1+WG9 36+104+99+WG9
蓝色	185+183+72+BG7 182+67+64+BG7
木色	25+97+102+WG7+WG9 97+94+EG7
绿色	167+59+47+43+GG7+CG9 48+42+WG7+WG9 59+56+51+CG9 58+51+CG9

除了上面的配色方案外，绘制天空的时候还可以采用千彩乐 105/101 号马克笔；绘制玻璃的时候可以采用斯塔 67 号、BG 蓝灰马克笔或者千彩乐 101 号马克笔；绘制水则常用斯塔 67 号或千彩乐 101 号马克笔。

单元二 马克笔淡彩画的画法与步骤

马克笔淡彩的形体需要依附于钢笔，在起形的阶段，往往会表现出大致的立体感、空间感和简单的明暗关系。

一、植物的画法

➤ 第一步：绘制钢笔线稿

自然界中的植物种类繁多，是风景画中最重要的绘画元素，可以运用归纳总结的方法，抓住每种植物的特点进行刻画。常用的植物分木本植物与草本植物。

木本植物主要分为阔叶树、针叶树与热带植物（图 5-16），它们的共同特点是树有特定的形状，树冠决定植物的最终效果。图 5-17 展现了更多热带植物的形态。当植物组合成造景时，相邻植物的形态将会融合在一起，成为一个复合体。绘制的关键在于区分种类，而不是每一个单体。如图 5-18 所示的组合植物中，相同的树种成组配置在一起，组成新的形状，但是树种的特点被明显表现出来。

▲ 图 5-16 单棵树的钢笔底稿 作者：高 昭

▲ 图 5-17 热带植物钢笔线稿 作者：高 昭

草本植物绘制的难点在于，不能一棵棵、一朵朵地画花草，而应该对大片的草本效果进行抽象和概括，如图 5-19 所示，既要表现出每种草本的特点，又要考虑成片花草的野生状态。

▲ 图 5-18　组合植物钢笔线稿　作者：高　昭

5-4 花草的
表现方法

▲ 图 5-19　马克笔花草钢笔线稿　作者：高　钰

➢ 第二步：浅色马克笔铺大致明暗关系

图 5-20 展示了图 5-16 中单棵植物的上色程序。由于马克笔颜料的渗透性极强，落笔无法更改，而且颜料透明度高，浅颜色几乎没有遮盖能力，因此经常从最浅的颜色开始铺大致的颜色，并用同一支笔叠加，形成最初的明暗关系，表现出亮面与灰面。

5-5 阔叶树
的马克笔
画法

5-6 针叶树
的马克笔
画法

5-7 热带植
物的马克笔
画法

▲ 图 5-20　马克笔上色过程

> 第三步：深色马克笔深入刻画

　　一般来说，单棵树木会用到 5 支不同的马克笔，最浅的笔表达固有色与灰面，接下来的两支笔表达不同部位的暗面，最深的笔表达明暗交界线与阴影。为了表现阴影的冷色感，常常会再选用一支蓝灰色或紫灰色笔绘制阴影。有时候为了产生明确的对比，会在亮面选择一支暖色的笔作零星点缀，如图 5-21~ 图 5-23 所示。

▲ 图 5-21　马克笔上色后的热带植物

5-8 植物组合的马克笔画法

▲ 图 5-22　马克笔上色后的组合植物

▲ 图 5-23　马克笔上色后的花草

二、透视场景画法

➤ 第一步：绘制钢笔线稿

根据透视图的原理绘制出一点透视（图5-24）或两点透视（图5-25）的钢笔线稿。

▲ 图5-24　一点透视钢笔线稿　作者：高　昭

▲ 图5-25　两点透视钢笔线稿　作者：高　昭

➤ 第二步：马克笔进行画面的配色

当我们面对一幅完整的园林景观效果图线稿时，要学会自问：第一支抽出的笔是什么颜色？如何开始上色？再复杂的画面，马克笔上色的底层逻辑都是相同的，即用浅颜色的固有色对画面进行配色。笔法是第二位的，配色才是决定画面效果的关键。由图 5-26 与图 5-27 所示的上色过程可以看出，在第二遍上色时，画面的色彩关系就已经基本确定下来了。

5-9 一点透视
上色

▲ 图 5-26　一点透视上色过程

5-10 两点透
视上色

▲ 图 5-27　两点透视上色过程

➤ 第三步：进一步刻画明暗关系

配色确定后，就要细致地刻画画面的素描关系。对比上色过程图与最终的效果图（图5-28和图5-29）不难发现，整体的色彩构成没有变化，但画面更加立体、有空间感。每个景观元素基本上都是用5种不同明度和轻微色相变化的笔表现，并在远景和阴影中添加冷色。

▲ 图 5-28　一点透视上色效果

▲ 图 5-29　马克笔上色的两点透视

马克笔上色练习

作业要求：根据马克笔的绘制方法，对图5-30的钢笔线稿进行上色。注意整体画面的配色与明暗关系。

▲ 图 5-30　组合场景线稿　作者：高　昭

三、从平面到效果图

　　在方案设计之初，通常需要大量搜集参考意象拓展思路，在勾勒方案平面图的同时内心应当构思透视图如何表达，要做到胸中自有丘壑。本次平面转绘示范选择某住宅小区局部景观节点，首先在总图上确定视点与视线范围，结合参考意象再进行下一步工作（图5-31）。

5-11 从平面
到透视

意象1：景墙

意象2：孤植树

意象3：赏树　　意象4：阶梯绿化

视点

▲ 图 5-31　从意象到平面图　作者：高　昭

➤ 第一步：描绘主要结构

根据两点透视用铅笔大致描绘主要结构，此时要尽量做到图面放松、干净，能分清景墙、铺装、水景、植物轮廓（图5-32a）。

➤ 第二步：落墨线

根据铅笔轮廓落墨线，此时需要下笔肯定，勾勒出轮廓（图5-32b）。

➤ 第三步：画墨线稿

擦去铅笔痕迹，深入刻画墨线稿（图5-32c）。

➤ 第四步：刻画细节

用排线的形式丰富空间中的阴影、前后、植物枝叶叠加关系，并刻画出流水石景墙的细节层次，完成墨线稿（图5-32d）。

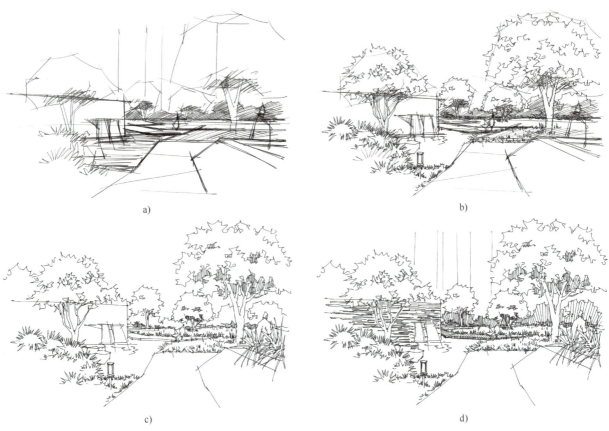

a)
b)
c)
d)

▲ 图5-32　透视草图的绘制过程　作者：高　昭

小窍门提示：在正式上色开始之前，不太熟练的同学可以通过扫描复印的形式多留线稿备份（图5-33），防止下笔有误无法补救。

➤ 第五步：平整线稿

落笔肯定，通常将地面铺装、水体、植被、构筑物用色块大胆铺出，以做材质区分（图5-34a）。

➤ 第六步：大笔触铺出主要乔木

本案例选择近暖远冷的色彩处理手法，主要中景赏树以红色、暖黄绿表现，背景树以冷绿、灰绿表现（图5-34b）。

➤ 第七步：深入刻画

表达中景树选用同色系稍深的颜色层层叠加，塑造出树球体积，流水石景墙第二遍铺色，进一步强化小品质感（图 5-34c）。

➤ 第八步：局部点缀深颜色

点缀深颜色的目的是压住画面，但不宜使用太多重色。细化景墙质感，丰富画面，塑造空间关系，完成平面转手绘（图 5-34d）。

5-12 透视图

a)

b)

c)

d)

▲ 图 5-34　马克笔上色过程　作者：高　昭

最终效果图如图 5-35 所示。

▲ 图 5-35　最终效果图　作者：高　昭

单元三　马克笔淡彩画赏析

1. 园林效果图三张

　　马克笔绘制快、表现力强的特点使它成为设计师的"宠儿"。它能很好地表达设计师的意图，并将设计产品解释清楚。图 5-36~ 图 5-38 为方案效果图。由于马克笔出现得比较晚，因此它的技法来自于传统的绘画媒介，例如水彩画和油画等。科技的高速发展与人工智能的出现，将对传统绘画有极大的冲击，但是年轻人要面对变化，迎接挑战，以传统绘画原理、技法为新的科技赋能，推陈出新，走出一条无可替代的新路。

▲ 图 5-36　园林效果图 1　作者：王美达

▲ 图 5-37 园林效果图 2 作者：王美达

▲ 图 5-38 园林效果图 3 作者：王美达

2. 花艺效果图

除了景观效果图外，马克笔还可以表现其他产品的效果，如工业产品、日用产品、服装、玩具等。图 5-39 为花艺设计效果图。其中，图 5-39a、b 绘制于普通的复印纸上，图 5-39c 绘制于马克笔专用纸上，图 5-39d 绘制于硫酸纸上。不同的纸张会产生不同的色彩显色和融合效果。任何媒介都没有不可更改的画法和纸张，学习任何知识和技能的过程都是不断探索、不断尝试和创新的过程，也是不断失败的过程。在这个过程中，我们更加了解绘画媒介、绘画技法，也更加了解自己与人生的意义。进入工作岗位后，做事也要精益求精，追求质量，不要养成敷衍交差的陋习。

a)

b)

c)

d)

▲ 图 5-39　花艺效果图　作者：高　钰

06

模块六
水彩风景画

【模块概述】

　　本模块详细阐述水彩画所用到的各种材料与工具，并引导学生不拘一格，自由探索新工具的可能性。通过简单的平涂和褪晕练习，熟悉颜料的性能与软毛笔的使用方法，进而绘画各种题材的画作。最后达到举一反三，自由创作的目的。

【知识目标】

　　（1）了解水彩画的常规工具（颜料、纸、笔）与特殊工具（食盐、保鲜膜、留白胶等）。

　　（2）了解水彩画的不同效果。

【技能目标】

　　（1）练习干画法与湿画法。

　　（2）练习水彩的混色。

　　（3）学习乡村、自然景物、街景、水乡等常见水彩画题材的绘制方法。

单元一　水彩基础知识

在诸多绘画种类里，水彩画以其明澈清丽的风格、丰富多彩的表现力以及便捷经济的材料，得到艺术家和大众的喜爱。水彩画就其材料本身而言，具有两个基本特征，一是颜料本身具有透明性，二是绘画过程中水的流动性，由此形成了水彩画不同于其他画种的表现形式和创作技法。颜料的透明性使水彩画产生一种透明的表面效果，而水的流动性会产生淋漓尽致、自然洒脱的意境。

利用材料特点，水彩画家们创造出了丰富多彩的技法和艺术风格，常用的有干画法和湿画法。水彩的干画法与彩铅干画法相同，都是在干燥的纸面上，采用反复着色的方法，每次铺色都要等纸面彻底干透。水彩湿画法与彩铅湿画法的最大不同是：彩铅湿画法先上颜料后刷水，而水彩湿画法先刷水后上颜料，利用水的流动变化，在纸面潮湿的情况下进行敷色，由此产生流动的色彩和相互交融的渗透效果。多数情况下，在一幅水彩作品中，干画法和湿画法都会用到，这样才能自由充分发挥水彩画的材料特点。

在当代的水彩画作品中可以看到许多非常规的表现技法。有的画家尝试使用各种工具或添加剂，他们在水彩画中加进牛胆汁、食盐、胶水、肥皂水、松节油，甚至是各种材料的拓印拼贴。所有能想到的材料，只要能产生画家所期待的艺术效果，就大胆运用，不受任何传统理论或经验的束缚。

水彩画在题材的选择方面十分广泛。风景画既是水彩画家们青睐的一种题材，也是园林技术工作者的基本功。

6-1 水彩工具简介

一、水彩画的工具

水彩画主要用到的工具是水彩颜料、水彩笔和水彩纸。

1. 水彩颜料

水彩一般指的是以水为调和媒介的着色颜料。水彩分为透明水彩和不透明水彩两大类。透明水彩指的是有透明度的着色颜料。不透明水彩又称水粉，指的是无透明度的着色颜料。

透明水彩根据颜料不同可分为纯矿物质水彩、合成颜料水彩、水彩墨水和酒精水彩等。纯矿物质水彩的颜料使用现有矿物质研磨而成，长时间不变色、耐光、耐腐蚀，但颗粒感稍重，显色相对于合成颜料来说会稍微偏灰。

透明水彩根据形态不同可分为固体水彩（图6-1）、管状水彩（图6-2）以及墨水（图6-3）。固体水彩的优点是携带方便，缺点是颜色蘸取不方便。常用的固体水彩颜料有史明克、白夜、吴竹颜彩等。管状水彩有锡管灌装和软质管灌装两种，适合大面积蘸取，但携带不方便，为写生增加负担。常用的管状水彩品牌有荷尔拜因、美捷乐、MG、马蒂尼等。

▲ 图 6-1　固体水彩

▲ 图 6-2　管状水彩

▲ 图 6-3　墨水

2. 水彩笔

水彩笔从材料上分为人造纤维画笔和动物纤维画笔。不同画笔的弹性和蓄水能力有着明显的区别。人造纤维弹性高，但是蓄水能力不足，适用于表现比较精细的画面；而当我们在铺色或者大面积敷色的时候则会选用一些高蓄水的动物纤维笔或者刷子来完成。

那么，有没有高弹性又高蓄水的画笔呢？答案是肯定的，我们传统的中国毛笔就可以满足这两点要求——羊毫毛笔蓄水足，狼毫毛笔弹性非常好。图 6-4 中，从左到右依次为羊毫、狼毫、人造纤维水彩笔。

如图 6-5 所示的专业水彩笔一般用松鼠毛、野生柯林斯基貂毛或混合动物毛为原料。这种笔蓄水量大，弹性高，但价钱相对昂贵。为了降低造价，很多厂家也在尝试把人造纤维和动物纤维合在一起做成画笔，既兼顾了弹性，也具有一定的蓄水性，还降低了成本。虽然有如上优点，但是初学者在选择画笔的时候还是建议避免使用人造纤维笔，可以等使用熟练之后再使用这种笔；或者在处理非常细小的笔触或者挑线的时候可以选择人造纤维笔。

▲ 图 6-4　羊毫、狼毫、人造纤维水彩笔

▲ 图 6-5　专业水彩笔

3. 水彩纸

水彩作画的时候最好使用专业的水彩纸绘制，而不同克数、纹理以及种类的纸张在作画的时候会产生不同的效果。例如，普通复印素描纸和水彩纸相比，前者会迅速吸水变成皱纹纸，形成不扩散的混合效果，而后者则可以很好地让颜料在纸面上混合，缓慢吸收，纸面也不会变皱。

水彩纸从材料上可分为纯棉浆纸、纯木浆纸和棉木混合纸。其中，纯棉浆纸的绘画表现力最佳。纯木浆纸的显色虽然很好，但是纸感偏光滑，走笔会有滑笔的感觉，缺少纯棉浆纸的阻尼感，因此初学者建议使用纯棉300g浆纸进行绘制。

根据纹理不同，水彩纸分为细纹、中粗纹和粗纹三种（图6-6）。面积的颜色填涂建议用克数大一点以及粗糙一点的水彩纸张，克数越大越不容易在画面湿水的时候起拱，同时粗糙的纹理不会在大面积混色的时候出现水痕。具有沉淀特性的颜色会在粗纹纸的凹陷处形成颗粒状的沉淀。

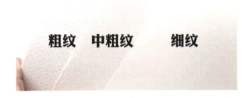

▲ 图6-6　水彩纸张纹理展示

二、水彩画面效果

一般情况下，水彩画以水为调和媒介（溶剂）作画，有时也会用到酒精和墨水等非常规溶剂，不同的颜料和溶剂会产生不同的画面效果。图6-7为纯矿物质水彩颜料的绘画效果。

固体水彩颜料和管状水彩颜料具有相同的颜料特性和使用方法，可以混合使用（图6-8）。此外，在溶剂中加入一定配比的其他物质，如阿拉伯胶和蜂蜜以及增强扩散的添加剂等，可以出现不同的混合度和扩散度，从而制作出具有个人风格的作品。

▲ 图6-7　纯矿物质水彩颜料绘画效果　作者：许永伟

▲ 图6-8　固体水彩和管状水彩表现效果　作者：许永伟

不透明水彩具有不透明的画面效果，颜料覆盖性强，可以遮住下面的颜色，如图6-9所示。它的流行多因为日系插画和动画的兴起，例如吉卜力工作室就多以不透明水彩进行场景创作。

水彩墨水集管状水彩颜料的浓艳和固体水彩颜料的扩散于一身，是纯度最高的水彩颜料之一（图6-10）。水彩墨水十分难以驾驭，虽然会产生艳丽而明亮的色调，但也会瞬间在画纸上形成色块

▲ 图6-9　不透明水彩绘制效果　作者：许永伟

色斑，所以需要提前在画纸上涂刷一层水，这样水彩墨水在画面上进行混合的时候就不会因为纸张没有水分而瞬间吸收到画纸里面，形成色斑。

　　酒精墨水是以酒精或者含有酒精成分的特殊溶液为媒介的着色剂。其特点是颜色鲜艳并可以反复叠加（图6-11）。这种颜料透明性极高，几乎没有覆盖性，必须用光滑的纸张或者载体才能凸显其特点。酒精墨水最好不要使用传统水彩纸绘画，否则不管有没有刷水，颜色都会瞬间被吸进去。

▲ 图6-10　水彩墨水绘画效果
作者：许永伟

▲ 图6-11　酒精墨水绘画效果　作者：许永伟

水彩基本技法练习

作业要求：临摹图6-12，练习水彩混色和叠色技法。

6-2 混色练习

▲ 图6-12　水彩的混色与叠色　作者：许永伟

单元二　水彩画的画法与步骤

街景作为人类生活的场景，往往富含文化历史底蕴，体现人文精神和审美情趣。在街景中，常常要绘制建筑、街道、人群、人文符号、植物等。自然风光也是常见的水彩画题材，它能很好地体现出水彩画材料的特性。大自然中的水光山色、花草林木，以其无穷的色彩变幻吸引着众多水彩画爱好者。掌握了基本的色彩原理和水彩画技法之后，就可以在大量实践的基础上，总结、提高、积累、完善或发明实用的新技法，达到自由创作的境界。

一、水彩街景画练习

1. 威尼斯街景

图 6-13 是威尼斯的街景照片，下面以该图为例分析从画面构思到用色设计的整个过程。

> **第一步：铅笔打底稿**

6-3 威尼斯

无论进行何种绘画创作，首先都需要根据素材对象确定画面的主从关系，即主景、背景与配景。例如图 6-13 威尼斯的街景，起稿之前心里就要有数，将贡多拉船和桥作为主要表现的视觉焦点，即主景；建筑作为画面的背景；而人物和地面铺装则是使画面丰富饱满的配景。构思好画面效果后，就可以根据这个主从关系打铅笔底稿，如图 6-14 所示。底稿不用十分精细，关键是透视准确，勾勒出大致的空间效果。

▲ 图 6-13　威尼斯水街实景照片

▲ 图 6-14　铅笔底稿　作者：许永伟

> **第二步：铺背景色**

确定好线稿后，就可以开始着色。由于人眼对色彩有暖色靠前、冷色靠后的感觉，因此在绘制远景时，常常会使用一点蓝灰色加入对象的固有色中，进行远景的推远操作，俗称"推空间"。对于大多数风景画，只要是远景都可以这样操作，从而形成自然的空间感和空气感。在第一遍底色铺完后，趁着纸不再反光，但颜色湿润的时候，用稍微浓重一点的松石色、褐色与佩恩灰调出窗户和门的色彩，轻轻叠加在第一层颜色上面。这样操作是为了让前后两遍的颜色略有融合，产生虚化效果，它类似摄影作品中加大光圈而使背景模糊，产生距离感；同时也不会因为门窗边界过于清晰而显得太实，不能与主体很好地区分开来，如图 6-15 所示。

> 第三步：绘制水面与贡多拉

画水的时候先用淡淡的普鲁士蓝（以下简称普蓝）、赭石和翠绿调和后铺一层底色。建议尝试不同的蓝色、黄色与绿色组合，以产生多变的蓝绿色，如果希望调出纯度低一点的色彩，可以再略微加一些佩恩灰。接着趁水色未干，用稍浓的同色系颜料绘制倒影。由于倒影是水面上实际物体形成的，因此倒影的大致范围和形状都要与实体相呼应。此外，倒影也是表达涟漪的途径，绘制的时候注意运笔要轻而快，顺水平方向拉出，每条涟漪的长度、宽度和浓淡都要有变化，产生动感和虚像的效果。如图 6-16 所示。

▲ 图 6-15　背景建筑与桥

▲ 图 6-16　水面与贡多拉

> 第四步：强化对比度

强化画面对比度的方法就是加强明暗关系，即加大明度对比，例如图 6-17 中主体贡多拉船的背光船底及其在水面的倒影。由于近处的水面会吸收更多物体的颜色，远景水面则更多反射天光显得更亮，因此前景的倒影也要更深。尊重自然的规律，就会让我们的画面更加合情合理。这一过程可以同时添加人物及其他配景。人物腿部的笔触要稍微干燥一点，这样会带一点飞白笔触，使人物在行走时的动态更加生动。

▲ 图 6-17　强化对比后的画面

> 第五步：绘制细节

水彩画的常规绘制顺序是由远及近，由大色块到小细节，如图 6-18 所示，作为威尼斯街景的最终完成效果，与图 6-17 相比，增加了更多细节，如人物衣服的纹样、窗户边缘的线条、人行道路上的栏杆、道路铺装的透视线等。

▲ 图 6-18　威尼斯街景完成图

2. 江南水乡

与威尼斯街景的绘制逻辑相同，接下来再绘制一张江南水乡图（图6-19），来说明水彩画法不会受到题材的限制。内容不同，表达的意境也不同，但是我们却可以运用相同的技法来绘制。

➤ 第一步：构图和打底稿

打铅笔底稿的时候，需要把房屋的建筑结构以及透视准确地进行定位（图6-20），而倒影的底稿则不需要绘制得太清晰，只需要用铅笔浅浅地圈出轮廓就可以了。水彩是透明的颜料，太重的铅笔线会遗留下来，影响画面的美观。至于一些画面中不重要的配景小元素，可以在打稿的时候暂时忽略，不用事无巨细地表现素材中的全部内容和细节。

▲ 图6-19　江南水乡实景照片

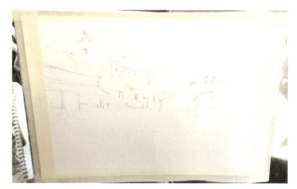

▲ 图6-20　构图和打底稿　作者：许永伟

➤ 第二步：绘制天空

水彩颜料细腻透明的性能意味着画面的可修改性较差，类似国画颜料。因此绘制景物的时候，一般先画浅色的天空。如图6-21所示，首先选择普蓝绘制天空的上部，注意水量一定要充足，颜色不可太深，以塑造天空的轻盈缥缈；但是天空不要用一种颜色从顶画到底，要一边画一边加入偏红的棕色、赭石、土黄等棕红色系，越向下越暖，以表达天空下部对地面反射的暖色。

▲ 图6-21　绘制天空

➤ 第三步：绘制屋顶和墙面

水彩画有一种常用的衔接方法，即湿接，趁颜色未干的时候绘制旁边的色块，这样两种颜色会有部分混合，防止色块和界面之间的关系过于生硬。例如图6-22中，绘制第一层屋顶和墙面的时候，先将熟褐与群青不均匀地混合在一起绘制屋顶，注意靠近天空的屋顶笔触尽量虚一些，以产生烟雨蒙蒙的感觉；屋面部分加重颜色，用湿接法与之衔接，表达转折面的不同光影素描关系。接下来绘制第二层屋顶，在原有的色调中加入少量赭石、湖蓝与佩恩灰，和远处树木的颜色产生呼应。湿接可以用于左右色块衔接，也可以上下衔接。在重力的作用下，上面的颜色不仅会与

▲ 图6-22　绘制屋顶和墙面

6-4 小桥流水

下面的相邻色块晕染在一起，还会产生冲刷的特殊效果。人眼的聚焦功能与心理意识的共同作用，使我们对物体的认知本身就存在着清晰与模糊的不同，而湿接的方法也正是符合了人类的生活习惯。水彩画的挑战之一是水分与时间的控制，有的部分一定要趁湿画第二遍，例如图中的远景树，这样远景会被虚化，产生距离感和空间感，边界不会非常明显，符合远景的特征。

➢ 第四步：绘制桥面与树

现实中的石桥，色彩接近熟褐与群青的混合，但水彩的特色就是可以带有些许写意的主观意味。例如图 6-23，整个画面的格调设置为欢乐而清新，桥作为画面中最亮丽的焦点，选用橙黄、镉黄、橙红作为主色调，暗部略微加一点青莲。由于桥面的色彩进行了重新设定，因此桥后的树也要与之协调，采用明度较高而纯度相对较低的对比色与互补色，如土黄、草绿、霍克绿、蓝灰，甚至少量调入一点品红。绘制街景的时候，一般来说越靠近地面，明度就越低。

➢ 第五步：绘制倒影

水面的倒影反射岸上建筑物的颜色，因此必须根据实体来设定倒影的颜色。一般来说，就是在实体色的基础上适当降低纯度，并且调冷。例如橙黄—橙红、赭石—赭紫、绿—蓝绿。倒影一定要采用湿画法，即打湿纸面后上第一遍颜色，而第二遍颜色也要趁第一遍依然湿润的时候继续绘制，表达出水的润泽和流动，更贴近水的物理质感，如图 6-24 所示。

▲ 图 6-23　绘制桥面与树

▲ 图 6-24　绘制倒影

➢ 第六步：增加细部与笔触

继续绘制倒影。由于水面平静，因此倒影没有弯曲变形，用湿画法镜像复制岸上的建筑，保留色彩，而虚化建筑的形体。最后，在画面基本色块铺设完毕的时候，用较干的笔清扫一些笔触，或者添加一下笔触的点，让画面看起来产生阳光照射的闪光效果。江南水乡的完成图如图 6-25 所示。

▲ 图 6-25　江南水乡

二、水彩风景画练习

1. 冰雪小木屋

比起街景，自然风景中的建筑一般处于配景的地位，因此对透视感的需求比街景宽松，画面着重体现自然风光。图 6-26 是一张冬季的雪景，难点一是如何画出落叶后树木的枝干骨骼，难点二是如何用色彩表现白色的雪。

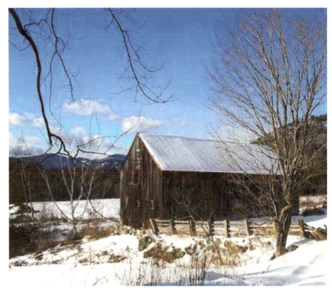

▲ 图 6-26　冰雪小木屋照片

> #### 第一步：构图和打底稿

绘画跟摄影不同，不是复制自然，而是对自然的再创造，例如对自然景物中所包含的丰富细节进行取舍。这项工作不是在绘画的过程中随意决定的，而是应该在构图和处理线稿的时候精确设定。此外，铅笔底稿也不需要画出所有要表现的内容，它的作用是确定元素的位置、大小和形体关系。如图 6-27 所示。

> #### 第二步：绘制天空

图 6-26 照片上天空的云形状松散稀疏，绘制时可以进行二次创作，表现出大片飘逸白云的景象。首先用清水打湿天空部分的纸面，蘸少量佩恩灰与中灰混合画白云的暗部；接着趁水分未干立刻绘制蓝天。图 6-28 所示的天空从左上角开始用群青绘制，靠近白云的位置加一点薰衣草紫，产生丰富的光线折射效果。

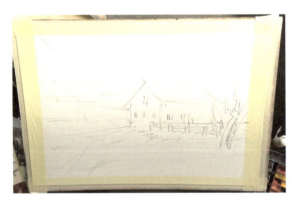

▲ 图 6-27　构图和打底稿　作者：许永伟

▲ 图 6-28　绘制天空

> #### 第三步：绘制远景

远景采用湿接技法，在天空没有干透的情况下叠混远山，用永固紫罗兰与少量赭石配制；而远山前面的树木用铁锈红与熟褐混合。为了表现远景的空间感，在处理上尽量让这些元素灰一点，可以采用灰色系颜料，或者通过冷暖色互混降低纯度，如图 6-29 所示。

> #### 第四步：绘制建筑及相连的中景

由于水彩颜料不能完全遮盖前一层色彩，因此绘制的程序必须事先想好，如果前面的物体比后面的物体颜色浅，则必须将浅颜色留出来。例如图 6-30 的中景树和建筑之前的栅栏，它们上面的积雪也要作留白处理。可以在绘制后面物体时避开这一部分，或者事先用留白胶遮盖需要留白的部位。当留白胶干透后再绘制后面的主体房屋。绘制房屋时用镉黄和熟赭绘制受光面，熟褐或深棕色调少许淡紫绘制背光面，屋顶则选用松石色与佩恩灰。所有颜色都干透后，用硅胶橡皮擦去留白胶，明亮的白雪就呈现在暗色的建筑前面了。

▲ 图 6-29　绘制远景

▲ 图 6-30　绘制建筑及相连的中景

➤ 第五步：加强明度对比，绘制雪地

为了让房屋的明暗对比更强烈，如图 6-31 所示，在建筑的背光面可以再加一层铁锈红与青莲的混色，并在靠近地面的部位加入酞菁蓝降低明度。这样，建筑就产生了阳光照耀的温暖光感。雪是白色的，只要保留纸的白色即可，绘制的时候要通过描绘阴影和裸露出的土地来衬托。用毛笔蘸饱颜料，轻轻弹撒在画面下部，表示雪中的石块杂草。

▲ 图 6-31　加强明度对比，绘制雪地

➤ 第六步：绘制前景，完成细部

照片中前景的树枝十分紊乱，绘制时仍然需要通过二次创作的方法，设计一些姿态优美的枝干。中景的树与前景地面的杂草也需要适当设计，呈现秩序感与变化。最后整体调整画面，用较干的笔轻擦建筑及地面，塑造木头与大地的粗糙质感。最终的完成画作如图 6-32 所示。

2. 早春桃花

无论用任何媒介，画画前都要用眼去"画"，或者说用心去"画"，即先在心里将画面绘制出来。画家笔下的大多数风景都会被普通人忽略，因此画画的第一步是培养对美的敏感度，在普通的景物中看到它的美好。对于有经验的画家，眼前的景象能在心中瞬间形成一幅画面，这个画面有可能是铅笔素描、

▲ 图 6-32　冰雪小木屋

▲ 图 6-33　早春桃花照片

钢笔画或者水彩画等。例如图 6-33 的素材照片，看起来稀松平常，但是如果仔细观察山坡优美舒缓的角度、建筑屋檐的层次感，尤其是早春成片的桃花，一幅秀丽的画面就会赫然呈现在眼前。如前文所述，绘画需要主观的二次创作，尤其写意的水彩画，跟国画类似，必须对实景进行抽象、简化、夸张，画出主次分明、虚实有度的作品。在这里，桃花将作为画面的主题重点处理。

➢ 第一步：绘制底稿

园林美术的水彩画不需要非常写实，因此图 6-34 的铅笔稿也无须绘制每一根枝条、每一片叶子，而只要表达出桃树的走势和轮廓即可；同时地面上的琐碎杂物，也要简化或删除。值得注意的是，再简化的建筑也要保证透视的准确，因此画面中房屋的形体关系是这一阶段的难点。

6-6 春天的桃花

▲ 图 6-34　绘制底稿　作者：许永伟

▲ 图 6-35　绘制桃花

➢ 第二步：绘制桃花

从图 6-35 不难看出，作为画面的意境表达重点，大块的桃色几乎占去画面的五分之四。绘制的时候要将整片桃花视为一个类似云朵的物体，表达出亮面与暗面的立体关系。桃红色艳丽明亮，但很容易媚俗，故该画作选用玫红与永固红铺大面积色块，暗面混合一点群青和天蓝色。第一遍绘制后，趁湿甩一些洋红与紫罗兰的混色，加强树的颗粒质感。

➢ 第三步：绘制建筑与山体

桃树依山而建，顺应山的走势采用对角线构图。此外，山坡上的植物绘制时也斜向用笔，使整个画面产生同向气韵和动感。绘制建筑的时候要注意，房屋有一部分是被桃花遮盖住的，所以不要把之前画的桃花用房屋盖住。画面的处理注意主次有别，山坡上草地的处理不可以比桃花和建筑细致，使用排刷笔触将细节隐去，将霍克绿、暗绿、铬绿不均匀混合概括出大致的山体轮廓，靠近主体房屋的草地用稍微亮一点的草绿与藤黄，而远离主体的草地则加一点酞菁蓝降低明度，如图 6-36 所示。

▲ 图 6-36　绘制建筑与山体

➤ 第四步：增加细节

大的色块画好后，需要添加一些树木的枝条和枝干。画的时候要注意"前粗后细、前实后虚"的原则。草地的处理也要遵循一样的原则，可以在明暗交界的地方补充一点笔触，这样质感和内容丰富度都会大大提高。完成图如图 6-37 所示。

▲ 图 6-37　早春桃花

单元三　水彩画赏析

1.《塞纳河左岸的夜色》

俯瞰城市，明亮的街灯就像温暖的臂膀拥抱环绕着自己；又像老朋友们在与你打招呼，温馨又亲切。美丽的画面和美丽的人生一样，不可能大笔一挥一步到位，处理完成。大学生既要心怀远大理想，也要脚踏实地，一个步骤一个脚印，像水彩画一样由浅至深，层层渲染。

为了绘制出灯光效果，作者使用了柠檬黄—中黄—橙黄—红的颜色过渡，整个画面明度对比强烈，色彩豪放，一气呵成。俯瞰建筑群塑造方法的重点在于虚实对比，即远景的虚化处理。采用湿画法绘制，先用喷壶或者大刷子刷一层薄薄的水，注意不要使画面出现很多水痕或者斑点（图 6-38）。

▲ 图 6-38　塞纳河左岸的夜色　作者：许永伟

2.《岁月》

秋天的树林像一个从稚嫩蜕变到成熟的爱人，温暖而熟悉。时光洪流中的一片落叶，一块碎石，像爱人的白发，也像爱人的微笑，留在手里，也留在心间。纸面上的落叶绘制时表达的是质感，而不是具体的形状，作者使用不同大小和方向的笔触模拟在风中飘落的不同动态的树叶。在绘制图 6-39 中倒影的时候，用指甲和刮刀去刮掉部分颜料，产生水面涟漪的白痕，这也是水彩画常用的技法之一。整洁利落的画面是水彩画很吸引人的特性，不要过度依赖反复涂抹。年轻人也要树立正确的价值观，三思而后行，人生无法涂抹重来，要像水彩一样干净透彻、淋漓坦荡。

▲ 图 6-39　岁月　作者：许永伟

3.《归家》

图 6-40 用互补色对比的手法创造出强烈的色彩冲击，以表达夕阳的美好和对故园的热爱。河边洗菜、准备做饭的家人虽然只位于画面左下角很小的一隅，却画龙点睛地为作品增添了浓浓的亲情。复杂的画面可能让人心存畏惧，困难的点又会产生烦躁的情绪，这些心情任何一位画家都深有体会。但是学习的过程本来就是不断尝试、挑战，甚至屡战屡败的过程。走出困境的唯一办法是沉得住气，一定要把这幅画画完，因为只有咬牙走过，才能知道在面对一张完整作品时如何战胜难点。

▲ 图 6-40　归家　作者：朱东升

4.《蔬菜静物》

水彩除了绘制风景画外，还可以用来表现静物、动植物、人物等，初学者可以选择感兴趣的题材进行练习。编好一只竹篮，手艺人可能要编几十只甚至上百只，技术会越来越纯熟。绘画过程中也要学习这种工匠精神，对一张图进行不同数量的反复绘制，一定会大有收获。不同色相、不同笔触或者不同的对比度，都会使画面产生很多不同而有趣的效果。当然，这个方法实施起来很有困难，因为开始的时候可能没有那么有趣，需要用毅力去强迫自己反复绘制同样一张图。但是技艺的精湛离不开艰苦的训练，只有真的尝试了，才能领悟到"山重水复疑无路，柳暗花明又一村"的境界（图6-41）。

▲ 图6-41　蔬菜静物　作者：赵泽亮

5.《女青年》

　　水彩画进入中国已有100多年。经过几代中国画家的不断提炼，今天的中国水彩画，已经具备了富有东方精神的样式。水彩人物画是水彩画中的"明珠"，它不但要维护水彩画的经典性，还要体现人物的时代特征和精神面貌（图6-42）。

▲ 图6-42　女青年　作者：柳　毅

6.《街头艺术家》

　　并不是所有的水彩画都是复杂而费时的，相反，水彩的特性让它同样适合速写和小幅作品。图 6-43 是作者在旅行途中偶遇在街头表演的两位艺术家，于是在 A5 的笔记本上快速地涂出艺术家的动势和明媚的光感。水彩画一般用于小尺度绘画，但是"麻雀虽小，五脏俱全"，越小越精致，要求越高。做事也不要过于贪大求全，要注重细节的完善。

▲ 图 6-43　街头艺术家　作者：高　钰

第三部分
构　成

07

模块七
设计构成

【模块概述】

　　本模块简述了平面构成、色彩构成与立体构成的概念与发展，重点在于通过一系列专业设计的练习与作业学习掌握设计规律，并运用这些规律进行美术创作和艺术设计。

【知识目标】

　　（1）了解构成的概念。
　　（2）了解平面构成的元素及其构成规律（点、线、面）。
　　（3）了解平面构成的形式（正负、基本型、骨骼）。
　　（4）了解平面构成的方法。
　　（5）了解配色的基本规律。
　　（6）了解立体构成的概念与构成方法。

【技能目标】

　　（1）了解平面重复构成、发射构成、特异构成、近似构成、渐变构成、单形与群化、空间构成的方法。
　　（2）了解色相对比的配色技巧（类似色、邻近色、对比色、互补色）。
　　（3）了解明度对比的配色技巧（高长调、高短调、中长调和低长调）。
　　（4）了解纯度对比的配色技巧（高彩、中彩、低彩、艳灰）。
　　（5）了解立体连续构成、垒积与线层构成、框架构成、自由构成、无框架构成、自垂构成与编制构成的方法。
　　（6）了解面与体块的构成中半三维形态、柱式结构、层面排除、插结构造、削减与切割、积聚的构成方法。
　　（7）了解空间的围合、空间的打开以及空间的组合形式。

单元一 平面构成

平面构成是利用不同的基本形态按照一定的规则在平面上组成图案，主要是在二维空间范围之内描绘形象。平面构成作为一门基础的造型课程，其内容以思维的训练为主，其中虽然包括大量实践内容，但这些实践大多从最基本的造型元素入手去探讨形态最为本质的问题，即抽象内容与形式的表现。这种从非常具体的内容引发抽象思维的探讨，为其他专业的训练打下重要的基础。图 7-1 运用平面构成的原理，将燕山大学的图书馆、浴池、东区教学楼与钢琴、书、齿轮组合在一起，设计出疏密有致、寓意丰富的作品。

▲ 图 7-1 平面构成 作者：王婷婷

一、平面构成的元素

1. 点的构成

在几何学中，点没有大小，只有位置，但在视觉艺术领域中，点必须具有面积和形态。点的构成方式主要有等点和差点两种。

➤ 等点图形

由形状、大小相同的点构成的画面。18 世纪印象主义点彩派画家修拉从色彩混合理论得到启示，运用大小相近的纯红、纯绿等纯色，组成一幅幅在当时看来非常独特的风景画和人物画。康定斯基在德国包豪斯学院任教过程中，从全新的角度丰富了点的内容，尤为重要的是等点图形大众化，对现代设计起了深远的影响。图 7-2 的图案由相等大小的乐高积木圆点组合而成。

➤ 差点图形

由形状、大小不同的点（即差点）构成的画面。差点的相互排列组合，使变化更加丰富，个性和表现力也

▲ 图 7-2 等点图形

比等点更加强烈。由于点的大小秩序产生了方向，疏密程度产生了动感，因而运动感和现代感是差点图形最大的特点。在信息时代的今天，效率与速度成为衡量社会进步的标尺，所以在标志设计、网页设计中动感的效果更为人所重视，而差点图形正是为这种文化现象服务的好方法和有效形式。草间弥生在差点的运用上给人留下十分深刻的印象，如《蓝色南瓜》（图 7-3）。

点的构成还可以细分成许多种类，例如各种不规则的点按同一规律间歇重复、增长或减少从而构成不同的图案。点本身还可以有虚实、肌理和色彩的变化，甚至组成网点图形。随着计算机技术的广泛应用，点更

是从新的意义上提高与丰富了其内涵与外延。图 7-4 通过点的大小对比、近似和渐变所设计的平面构成作业。

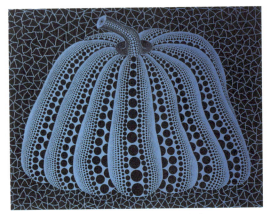

▲ 图 7-3 蓝色南瓜 作者：草间弥生

▲ 图 7-4 点的构成 作者：王婷婷

2. 线的构成

点的线性排列可以形成线；极薄的平面互相接触时，其接触的地方也可以形成线。直面相交形成直线，如果其中一个面是曲面，则形成平面曲线；两个面都是曲面，则形成空间曲线。线有方向性，方向不同的线，可表现出不同的三维效果。线的主要构成方式分为等线与差线。

➤ 等线图形

等线图形是指粗细相等的线排列组合构成的图形，可以是等直线、等曲线、放射线、倾斜线或黑白变换的等线。等线的排列组合可以构成许多生活中存在的和意想不到的形象。将线按一定的规律排列，使得线与线重复构成，组合出复杂新颖且具有意味的形象，甚至具有立体感的三维图形。图 7-5 为 1964 年意大利平面设计师佛朗哥·格里尼亚尼为国际羊毛局（IWS）设计的纯羊毛标志。

▲ 图 7-5 国际羊毛局（IWS）纯羊毛标志

➤ 差线图形

差线图形是指由粗细不同、不规则的线排列组合构成的图形。不同粗细与不同线条组合在一起可以产生非常丰富的变化。差线图形在现代设计中被广泛应用，它不仅能表现物体的外轮廓和面的边缘，也可表现物体的结构、运动、节奏、空间等方面。图 7-6 的图形设计中，

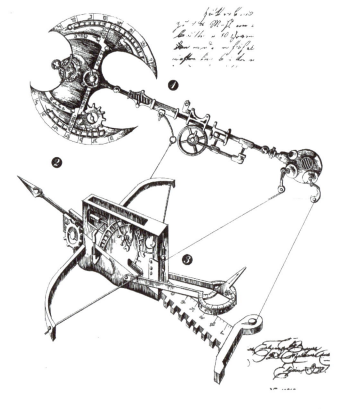

▲ 图 7-6 幻想的武器 作者：高 钰

运用了差线作为一种特定的风格。

线条排列可以体现速度感、动感及节奏感，在非常单纯、简洁、明快的图形轮廓中，表达了黑、白、灰的变化规律，在现代标志设计及标志辅助图形中被广泛应用。许多著名的商标设计都采用线性构成，如图 7-7 所示为星巴克、阿迪达斯和迪士尼标志。

▲ 图 7-7　星巴克、阿迪达斯和迪士尼标志

3. 面的构成

由线包围而成的封闭形称为面，它有长度、宽度而无厚度。面一般由一组重复的或彼此有关联的形所构成，这些形称为基本形。基本形是面的最小设计单位，大致分为几何形、不规则形和有机形。不规则形的面是由曲线、直线围成的复杂的面，其个性复杂，同一形态可因观察环境和观察主体的主观心态不同而产生理解上的变化，可表现较为复杂的情绪。对于园林设计来说，平面图本身就是一幅面的构成作品，大块的场地根据功能及环境需要分成许多基本形重新排列组合，如图 7-8 所示。

▲ 图 7-8　欧几里得花园平面图　作者：高　钰

二、平面构成的形式

学习平面构成就是学习画面中各个元素的形式及其组合方法。平面构成的做法简而言之就是首先设计或提炼基本形，然后对其进行排列组合，最终提出创新又意义深远的设计方案。

1. 正与负

我们通常的感觉是形象占有空间，因此在平面上，形象往往被称为"图"，而周围的空间被称为"地"。如果"图"在前面，"地"是背景，这种形象就是"正"的形象；反之，形象实际上是平面上的一个洞，这种形象就是负的形象，就像我国传统金石艺术中的阴刻石章一样。但"图-地"关系容易引起误解，因为有时"图"反而是背景，而"地"则是形象。因此"图"更多地被称为"正形"，"地"被称为"负形"。"正负形"并不固定，有时可以相互转换，例如图 7-9 所示的两张图，如果将文字视为"正形"，则花草为"负形"；如果视花草为"正形"，则文字又成了"负形"。

▲ 图 7-9　文与花，正与负　作者：高　钰

2. 基本形

基本形是构成图形的基本单位，构成图形的形式都是依靠基本形在单位骨骼中的变化而进行的。设计基本形有很多小窍门，以下八种方法可以将一个简单的图形设计成丰富多彩的基本形，如图 7-10 所示。

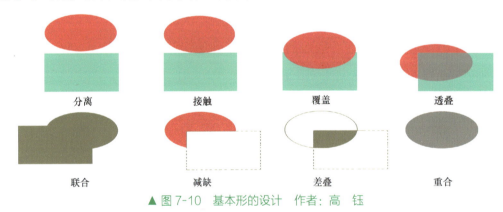

▲ 图 7-10　基本形的设计　作者：高　钰

① 分离：形与形之间不接触，有一定距离。

② 接触：形与形之间的边缘正好相切。

③ 覆盖：形与形之间是覆盖关系，由此产生上下、前后的空间关系。

④ 透叠：形与形之间具有透明性的相互交叠，但不产生上、下前后的空间关系。

⑤ 联合：形与形之间相互联合成为较大的新形。

⑥ 减缺：有一个正形被一个负形所覆盖，并使正形产生减缺现象，被减缺的形较之减缺前的形细小，构成新的形。

⑦ 差叠：构成组合的形象相互交叠，非交叠部分为减缺部分，而交叠部分形成一个新的形。

⑧ 重合：构成组合的两个相同形象，其中一个覆盖另一个而成为完全重合的形象。

3. 骨骼

骨骼是组合与排列基本形的骨架。骨骼支配整个设计的秩序，预先决定形象在设计中彼此间的关系。骨骼根据作用不同可以分为规律性骨骼和非规律性骨骼，如图 7-11 所示。

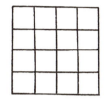  

a) 规律性骨骼：重复骨骼　　　b) 规律性骨骼：渐变骨骼　　　c) 规律性骨骼：放射骨骼

d) 非规律性骨骼

▲图 7-11　骨骼的设计

➢ 规律性骨骼

以严谨的数列方式构成。如重复骨骼、渐变骨骼、发射骨骼等。

➢ 非规律性骨骼

是自由性的编排构成。

骨骼可以仅仅作为辅助线，用过之后即擦除；也可以作为构图要素，保留在设计的最终呈现效果中。图 7-12 利用以上基本形构成法，将普通的椭圆安排在非规律性骨骼中，并在最终的完成图中保留骨骼线。

▲图 7-12　椭圆基本形与非规律性骨骼

作者：高　钰

三、平面构成的方法

在之前的训练中，我们知道了平面构成的元素和构成形式。那么，在基本形放置在骨骼中的过程中，是否有一些可以借鉴的方法？下面就来学习几种常用的构成方法。

1. 重复构成

同一设计中同一造型重复出现的构成方式。图 7-13 运用重复原理，在棋盘骨骼中放入圆形与三角的基本形，生成了有节奏感的图案。

2. 发射构成

发射是一种特殊的重复，是基本形或骨骼单位环绕一个或多个中心点向外散开或向内集中。发射骨骼可以是同心式，即只有一个发射点，向外或向内运动；也可以是多心式，即以多个中心为发射点，形成丰富的发射集团。

▲图 7-13　重复构成　作者：刘雅莹

图 7-14 设计的发射构成作品,发射的线性构图产生一点透视的视觉效果,画面充满冲击力与景深感。

▲ 图 7-14　发射构成　作者:王小花

3. 特异构成

　　特异构成是指在一种较为规律的形态中进行小部分变异,以突破某种较为规范的构成形式,目的是取得引人注目的视觉效果。图 7-15 的画面中,采用特异构成的手法,将其中一只海葵处理为水彩效果,使其成为画面的中心。

4. 近似构成

　　近似指的是基本形或骨骼在形状、大小、色彩、肌理等方面有着共同特征。图 7-16 的字母设计采用小精灵作为基本形,动作虽然不同,却保持着共同的形象设定。

▲ 图 7-15　运用特异构成原理的插图　作者:高　钰　　　　　▲ 图 7-16　字母设计　作者:高　钰

5. 渐变构成

渐变分为形状渐变、方向渐变、位置渐变、大小渐变、色彩渐变和骨骼渐变。渐变构成往往象征着时空上的某种改变，具有更深刻的涵义。图 7-17 所示为骷髅头骨向大树渐变的过程。

6. 单形与群化

一个简单的基本形称为单形，将多个单形组成一个复合基本形称为群化。群化的时候，单形不一定要完全重复，也可以用特异或近似的手法改造单形。有时候，群化而成的基本形本身就可以称为完整的图案。图 7-18 所示的构成作业通过规则与不规则的骨骼，将简单的线条进行变形、群化和覆叠，产生丰富而多变的效果。

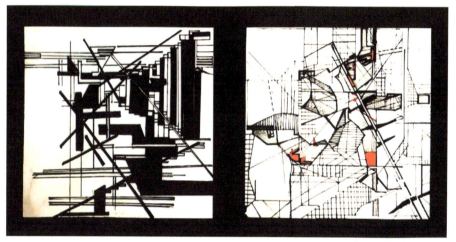

▲ 图 7-18　单形与群化　作者：王小花

7. 空间构成

此处的"空间"并不是真正的空间，而是在二维画面中，根据人眼的成像特点，虚拟的空间效果。绘画和设计效果图就属于空间构成的范畴。图 7-19 利用透视关系，表现出立方体所围合的空间效果。

▲ 图 7-19　虚拟的立方体　作者：高　钰

▲ 图 7-17　渐变构图
作者：高　钰

单元二　色彩构成

学习色彩构成除了要懂得原理外，更要多看、多思考，借鉴优秀设计作品中的配色方案（图7-20）。

一、色相对比

色相对比是指两种或两种以上色彩放在一起时，由于相互影响而显示出差别的现象。同一个颜色，在不同环境中，会得到不同的视觉效果。色相对比是因色相之间的差别而形成的对比。各色相由于在色相环上的距离远近不同，形成了强弱不同的色相对比，如图7-21所示。

▲ 图7-20　四季色彩构成　作者：王宝华

类似色对比　　　邻近色对比

对比色对比　　　互补色对比

▲ 图7-21　色环与色相的对比　作者：高　钰

1. 类似色对比

类似色对比指在色环上相距30°的色彩对比所呈现的色彩构成效果。它是非常相近的色相稍带不同明度、纯度或冷暖倾向之间的色彩对比，如蓝与蓝紫。

2. 邻近色对比

邻近色对比指在色环上相距60°的色彩对比所呈现的色彩构成效果，如淡黄与淡绿、橘黄与朱红、红与紫、蓝与绿。

3. 对比色对比

对比色对比指在色环上相距120°的色彩对比所呈现的色彩构成效果，如红与黄绿、红与蓝绿、橙与紫、蓝与黄。

4. 互补色对比

互补色对比指在色环上相距 180° 的色彩搭配而成的色彩构成效果，如红与绿、蓝与橙、黄与紫。这类对比产生强烈刺激作用，对人的视觉最具吸引力。

图 7-22 分别使用了类似色、邻近色、对比色和互补色来绘制球形关节手模型，可以看出不同的色相对比，会产生不同的视觉效果。绘画和设计时要根据需要谨慎选择。

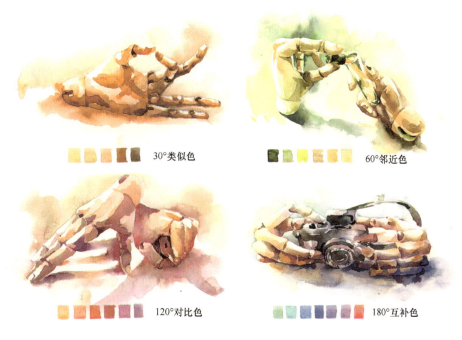

30°类似色　60°邻近色　120°对比色　180°互补色

▲ 图 7-22　色环与色相的对比　作者：高　钰

二、明度对比

色彩的明度对比有两种情况，一种是同一色相的明度对比，即同一颜色加黑或加白以后产生不同的明暗层次；另一种是各种颜色的明度对比。任何彩色图像，转换成黑白图像后，层次关系依然存在，这种关系就是明度关系。

为了方便理论研究，学者将纯白与纯黑定义为 1 度和 10 度，介于黑白之间的色调分别用 1~10 之间的数字表示，如图 7-23 所示。一般来说，1-5 度之间的明度对比称为高调；3~7 度之间的明度对比称为中调；6~10 度之间的明度对比称为低调。为了区分明度对比的强弱，3~5 个度数之间的明度对比为短调，大于 5 个度数的明度对比为长调。这样明度对比就可以分为高长调、高短调、中长调、中短调、低长调、低短调。

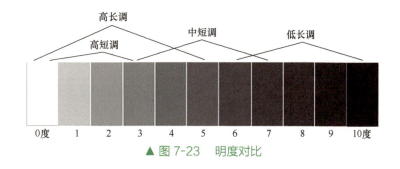

▲ 图 7-23　明度对比

如图 7-24 所示的明度对比作业，分别显示了同一个图案分别采用高长调、高短调、中长调和低长调四种常用的明度配色方案时，所呈现出的不同画面与心理效果。

明度对画面是否明快、形象是否清晰起关键作用。如图 7-25 所示的街景中，受光面用暖色高长调的明度对比描绘出建筑及门窗的素描关系，而阴影则选择冷色低长调营造出凉爽阴暗的感觉。整幅画面十分简洁，但却达到了色彩对比明确、形象交代清晰的目的。

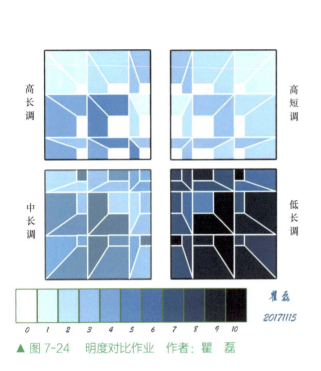

▲ 图 7-24　明度对比作业　作者：瞿　磊

▲ 图 7-25　水彩中明度对比的运用　作者：高　钰

三、纯度对比

由于色彩纯度的差异而产生的色彩鲜艳或灰浊感的对比叫纯度对比。纯度根据色标可划分为三个纯度基调（图 7-26）：0~3 度为低纯度，4~7 度为中纯度，8~10 度为高纯度。

如图 7-27 所示为对图 7-12 进行不同纯度的色彩填充而形成的大相径庭的艺术效果。

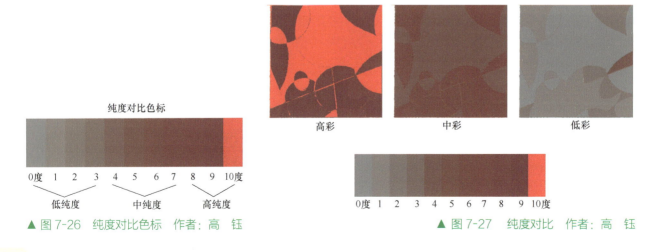

▲ 图 7-26　纯度对比色标　作者：高　钰

▲ 图 7-27　纯度对比　作者：高　钰

以上图示皆为单色，同样的原理也适用于多色彩的配置。不同颜色的高、中、低三种基本纯度调性

相互配置时，又可派生出高彩对比、中彩对比、低
彩对比、艳灰对比四种纯度对比关系。

1. 高彩对比（鲜调）

高彩对比（鲜调）指各种颜色的纯度都保持在
8~10 度以内的对比。如图 7-28 所示的门前小景，
高纯度的植物掩映着强烈的阳光，整个画面生机
盎然。

2. 中彩对比

中彩对比（中调）指各种颜色的纯度都保持在
4~7 度以内的对比。中彩对比具有温和、沉静、稳
重、文雅的特点，但由于视觉力度不太高，容易缺
乏生气，在构成时可通过明度的变化，以及在大面
积的纯度色调中适当配以一两个有纯度差的色彩，
使画面生动。如图 7-29 所示的海底礁石，利用明
度对比，使中纯度的色彩瞬间明亮起来。

▲ 图 7-28　高彩对比　作者：高　钰

▲ 图 7-29　中彩对比　作者：高　钰

3. 低彩对比

低彩对比（灰调、浊调）指各种颜色的纯度都保持在 0~3 度以内的对比。低彩对比虽然容易调和，
但缺乏变化，具有色感弱、朴素、统一、含蓄的特点，容易出现灰、脏、模糊的感觉。如图 7-30 所示
的低彩对比，借助明度的变化表达出阴暗的城堡中温暖的窗前景象。

4. 艳灰对比

艳灰对比指各种颜色的纯度差相隔 8 度以上的对比，一般来说低纯度色彩占据画面的大部分面
积，配以小面积高纯度色彩进行配合。同样是厚重墙体的老房子，图 7-31 由于使用了更多饱和而鲜

艳夺目的高纯度色彩与低纯度的阴暗顶面、墙面做对比，使画面出现了强烈、华丽、鲜明、个性化的效果。

▲ 图 7-30　低彩对比　作者：高　钰　　　　　　　　　　▲ 图 7-31　艳灰对比　作者：高　钰

图 7-32 为同样一幅图案采用不同的纯度对比构成的不同色彩效果。

▲ 图 7-32　纯度对比产生的不同色彩效果

单元三 立体构成

立体构成也称为空间构成，它是以一定的材料、视觉为基础，以力学为依据，将造型要素按照一定的构成原则组合成美好的形体。其任务是揭开立体造型的基本规律，阐明立体设计的基本原理。图 7-33 将珍珠贝进行抽象，利用点、线、面的组合所设计的立体构成作品。

▲ 图 7-33　立体构成　作者：许 馨

一、点与线

1. 点

图 7-34 以不同明度的蓝色超轻黏土立方体为基本形，运用差点构图的方法设计的立体构成作业。

2. 线

空间中的线与平面不同，有着更丰富的维度，因此有更多的创作手法。线从材质上分为硬线与软线；从形式上分为直线与曲线。线的常用构成方法有以下几种。

➤ 连续构成

连续构成是指通过一根连续的、没有节点的直线或曲线在一定的空间中进行高低错落的扭曲与穿插构成的空间形态。图 7-35 采用切割、扭转的方法，将卡纸裁成线进行扭曲和穿插。

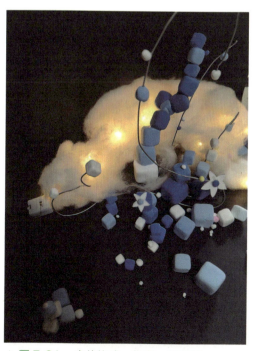

▲ 图 7-34　立体构成　作者：张亚旭

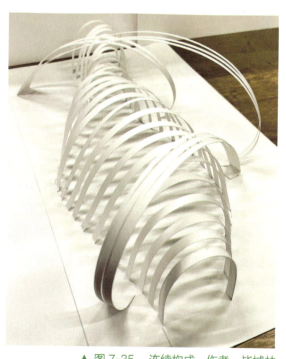

▲ 图 7-35　连续构成　作者：毕城林

> 垒积与线层构成

垒积与线层构成是指把硬线材料一层层堆积起来，或者将硬线材沿一定方向，按层次有序排列而成的具有不同节奏和韵律的空间立体形态。图 7-36 将木棍沿着中心轴进行垒积，每一层沿顺时针方向旋转一定角度。

> 框架构成

框架构成是指以同样粗细单位的线材，通过粘接、焊接、铆接等方式结合成框架基本形，再以此框架为基础进行空间组合。这种构成可以软硬线结合使用，用硬线材作为引拉软线的基体，即框架，将软质线（如毛线、棉线等）的两端固定在具有一定构成的框架上。图 7-37 将木棒制成三角形框架，并以此进行组合，适当加入软线附着于硬质框架中，使空间更加丰富多变。

▲ 图 7-36　垒积与线层构成　作者：伦心彤

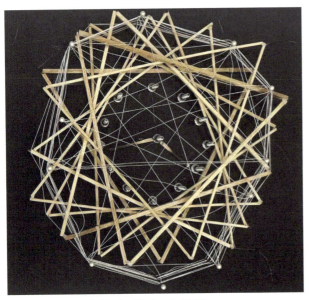

▲ 图 7-37　框架构成　作者：江沙亚

> 自由构成

自由构成是相对于框架结构而言的，以同样粗细单位的线材，进行自由组合排列，它的自由度大却不是胡乱堆砌，而是用意象和抽象的设计语言形式表达。图 7-38 中用木棒和铁丝采用放射构图设计出统一而错落有致的构成作品。

> 无框架构成

无框架构成是指以具有一定韧性的板材剪裁出来的线（如纸板、铜板等）。这类线由于自身重量，

▲ 图 7-38　自由构成　作者：郭　慧

在一定的支撑下可以形成立体构成。图 7-39 中将纸板进行雕刻、剪裁，仿效城市雕塑，设计出方向、大小都渐变的立体构成。

▲ 图 7-39　无框架构成　作者：何柳莹

➤ 自垂构成与编织构成

自垂构成与编织构成可以没有硬线做框架，仅仅靠编织和软线的自垂形成，也可以结合硬线框架。相较于之前的框架结构，这种构成更加注重编织体本身的形式与构图。图 7-40 中将印有特定文字的纸张卷成纸卷，上色后用细线悬挂于立方框架中，纸卷高低错落，将色相对比有机地结合在空间中。

二、面与块体

1. 面

立体构成中的面可分为直面（规律直面和不规律直面）和曲面（规律曲面和不规律曲面）。面的常用构成有以下几种。

▲ 图 7-40　自垂构成与编织构成　作者：姜博洋

➤ 半三维形态

这是平面向半立体和立体转化的过程，学习的时候可以练习在卡纸上进行切割与折叠，将二维的面逐渐"立"起来，成为三维的实体。图 7-41 用白色卡纸通过折叠和切割所做的九种半三维形态构成。

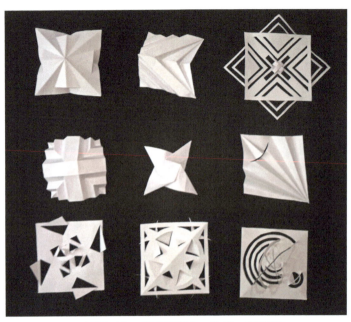

▲ 图 7-41　半三维形态　作者：王婷婷

半三维形态还可以通过肌理构成进行训练。由于物体的材料不同，表面的组织、排列、构造各不相同，因而产生半立体的粗糙感、光滑感和软硬感。图 7-42 的肌理构成即为将大豆、薏米等不同的谷物作为表面，设计出带有凹凸肌理效果的图案。

▲ 图 7-42　肌理构成　作者：王婷婷

➢ 柱式结构

半三维形态的类"浮雕"构成作品围合成环，即可变成柱式结构。练习时一般在卡纸上经重复折曲或弯曲，将折面的边缘黏结起来构成柱式结构。图 7-43 为用白色卡纸围合而成的柱式结构。

➢ 层面排出

层面排出是指面材按一定的规律和秩序（重复、渐变、近似等）逐个排列构成的立体形态。该类造型可通过面层的位置、方向和角度的变化，产生丰富的形态。图 7-44 用切成片的山药以鹦鹉螺的旋转方式进行排列，并将几组模块组合出空间的远近与虚实关系。

▲ 图 7-43　柱式结构　作者：王小花

▲ 图 7-44　层面排出　作者：唐平川

➢ 插结构造

面材之间进行穿插和连接形成的复合结构称为插结构造。图 7-45 将扑克牌进行不同角度的扭曲、插接和黏结，形成逐渐向上飞升的结构。

2. 块体

块体的基本特征是占据三维空间，它可以由面围合而成，也可以由面运动而成。块体分为直面体和曲面体。其中，直面体分为几何直面体和自由直面体。几何直面体包括正三角锥体、正立方体、长方体和其他由几何平面所构成的多面立体，具有简练大方、庄重、严肃、稳定的特点；自由直面体是由自由直面构成的不规则体，特点是自由张狂特立独行，但也会有杂乱无章之感。曲面体分为几何曲面体、自由曲面体和自然曲面

▲ 图 7-45　插结构造　作者：李心蕊

体。几何曲面体是由几何曲面的平行移动或旋转而得到的形体，表面是几何曲面或曲面与直面的结合，特点是结构明确、秩序感强、规范；自由曲面体是由自由曲面构成的立体造型，特点是表面没有直线，自由活泼、变化多端；自然曲面体是自然界形成的偶然形体，特点是无规律、偶然性强、淳朴、自然、亲切。体块的常用构成方法有以下几种。

> 块的削减与切割

块的削减与切割即对完整的块体进行削减或切割，去除其中部分实体，获得空间图案与虚形，所剩的实体具备另外一种形状与属性，如图 7-46 所示。这种构成类似平面构成中的"正形"与"负形"，在空间中形成实与虚的对比。

▲ 图 7-46　块的削减与切割

> 块的积聚

两个以上的块体组合称为块体的群组，是加法造型，主要通过块体位置、数量、方向的变化，来获得整体的造型。有相同、相似块体形态的组合，也有不同块体形态的组合。图 7-47 用黑白卡纸做成立方体，通过积聚的方法探索了不同方位、角度的块体构成。

三、空间

空间是由点、线、面体围合或占有而成的三度虚体，具有形状、大小、材料等视觉要素以及位置、方向、重心等关系要素。空间构成训练的主要目的是了解不同空间类型的塑造方法。常用的空间构成方法有以下几种。

> 空间的围合

图 7-48 通过对一块正方形场地的不同程度围合，表现出从开敞空间到封闭空间的过渡。

> 空间的打开

图 7-49 将一块四面围合的场地"打开"，表现出从封闭空间到开敞空间的过渡。在这个训练中，尝试了两种不同的方法。第一行的模型显示了针对墙面的"打开"；第二行则是针对四角"打开"。

▲ 图 7-47　块的积聚　作者：喻　轩

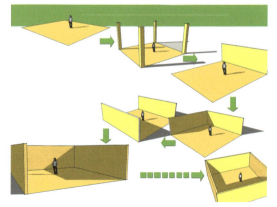

▲ 图 7-48　空间的围合　作者：高　钰

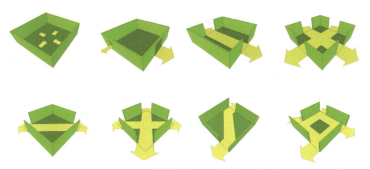

▲ 图 7-49 空间的打开 作者：高 钰

> 空间的组合

图 7-48 和图 7-49 解释了单一的空间围合状态，然而由单一空间构成的景观寥寥无几，一般的作品总是由许多空间组成，这些空间按照功能、相似性或运动轨迹而相互联系起来。两个空间常见的相互关联有四种形式：空间内的空间、穿插式空间、邻接式空间以及由公共空间连起来的空间。图 7-50 利用几何形体，表现出空间的四种关联形式。第一个空间包含在一个更大的空间内；第二个空间的部分区域可以和另外一个空间的部分容积重叠；第三个空间则和另一个空间比邻并共享一条公共边；最后一组空间依靠另外一个中介空间建立联系。

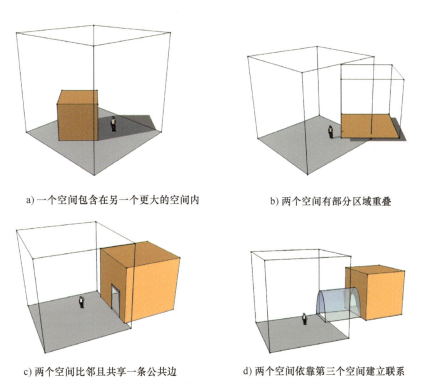

a) 一个空间包含在另一个更大的空间内   b) 两个空间有部分区域重叠

c) 两个空间比邻且共享一条公共边   d) 两个空间依靠第三个空间建立联系

▲ 图 7-50   空间的组合 作者：高 钰

在空间的组合中，用得最多的是空间的穿插。穿插式的空间关系来自两个空间区域的重叠，并且出现了一个共享的空间区域。当两个空间的容积以这种方式穿插时，每个容积仍保持着它作为一个空间的可识别性和界限。图 7-51 表示的是利用几何形体所设计出的三种空间的穿插形式。在第一种穿插形式中，两个空间的穿插部分可为这两个空间同等共有；第二种穿插形式中，穿插部分可以与其中一个空间合并，并成为其整个空间的一部分；第三种穿插形式中，穿插部分可以作为一个空间自成体系，并用来连接原来的两个空间。

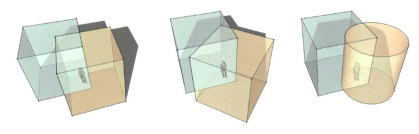

a) 两个空间的穿插部分可为这两个空间同等共有

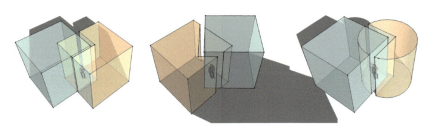

b) 穿插部分可以与其中一个空间合并，并成为其整个空间的一部分

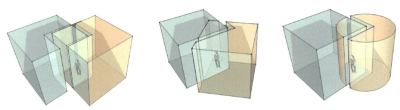

c) 穿插部分可以作为一个空间自成体系，并用来连接原来的两个空间

▲ 图 7-51　空间的穿插　作者：高　钰

图 7-52 利用圆柱体设计了空间的四种穿插形式，并进一步将其具体化，用墙壁表现出来。在这个训练中，第一种穿插代表两种空间的融合，其中的穿插部分可以作为这两个空间中任意空间的一部分。第二种穿插暗示着主次关系，具有次要特性的空间服从于主要空间。第三种穿插部分变成独立的个体，相比较于两个空间更加实体化。第四种穿插恰恰相反，穿插部分相较于原始空间十分虚幻，没有强烈的存在感，若有若无。

▲ 图 7-52　空间穿插的运用　作者：高　钰

空间构成的作业形式有很多种，例如可以从二维开始，将平面图形"立起来"，运用上面所述的各种空间构成方法，赋予简单的平面形状以空间。图 7-53 就是使用图 7-12 平面构成中的四分之一图案，以不同的空间形式将其转换为空间立体构成。

▲ 图 7-53　二维到三维空间的转换　作者：高　钰

单元四　设计构成与园林实训

园林实训 1：点、线、面在园林中的运用

➤ 实训任务书

● 搜集任何一个小庭园的资料，通过网络地图或照片，推测并绘制平面草图，体会点（等点、差点）、线（等线、差线）、面（基本形）的构成设计。

● 学习案例中的节奏感与韵律感，并以自己的方式反映在图纸中。

● 作业要求：幅面为 A4 尺寸，平面图无须标注尺寸，但要有必要的文字说明；图面效果注重版面的构图及图文关系；表现方法及工具不限，色彩不限，可以原样表现，也可以在原作的基础上进行二次创作，或者根据设计师的意图自行创作作品。

➤ 实训范例

图 7-54 是日本京都东福寺南庭的平面示意图作业，从中可以看到差点、等线与自然面基本形的巧妙组合。训练的过程也是参与设计的过程，理解和吸收重森三玲的构成手法，而作业最终的呈现则成就一幅自己的设计作品。

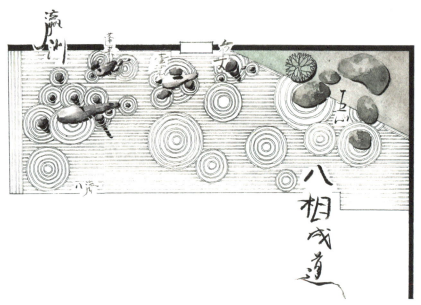

▲ 图 7-54　点、线、面在园林中的运用　作者：高　钰

　　图 7-55 是日本京都东福寺东庭北斗七星的平面构成，本着与大师"共同设计"的学习方法，这份作业以强烈的黑白对比对原作进行了二次创作，用阴影的长短弥补了平面图无法显示高度的缺陷，体现点、线、面的韵律关系，并妥善协调黑、白、灰的构成关系。

　　图 7-56 的东福寺西庭作业采用马克笔钢笔淡彩作为表达媒介，学习以最简单的方形为基本形，如

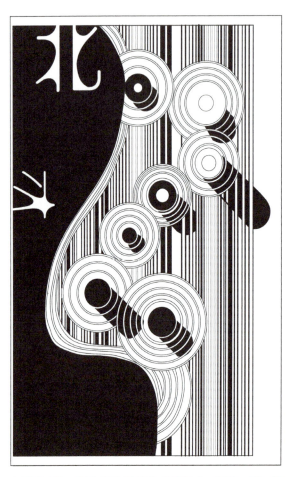

▲ 图 7-55　对大师作品的构成采集 1　作者：高　钰

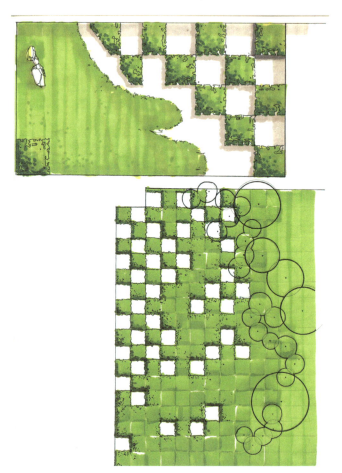

▲ 图 7-56　对大师作品的构成采集 2　作者：高　钰

何营造富有哲理的构成和园林环境。该作业没有完全复原重森三玲的设计，而是运用其设计手法自行设计棋盘格；表现中简化了园林平面图的细节，用白色和绿色的对比体会面的平面构成方法。

园林实训 2：构成骨骼在园林中的运用

> 实训任务书

● 收集历史上各个时代、国家的模纹花坛（规则式几何形体组合构成的树篱或花坛形式），学习体会它们的设计方法。利用基本形和骨骼原理设计一个模纹花坛，并绘制轴测图或俯视图。

● 作业要求：幅面为 A4 或 A3 尺寸，表现方法及工具不限，黑白或色彩不限。

> 实训范例

图 7-57 为水彩表现的规则式模纹树篱花园，采用矩形、球形和锥形作为基本形交替重复，在旋转了 45° 的棋盘网格骨架上进行构图。

▲ 图 7-57　模纹树篱花园设计　作者：高　钰

园林实训 3：色彩构成在园林中的运用

> 实训任务书

● 选取某园林的一部分进行色相对比分析。

● 在设计或写生中运用色彩构成的方法进行配色分析。

● 作业要求：幅面为 A4 尺寸（可打印），表现方法及工具不限。

> 实训范例

任何色相构图都不是单一的构成方式，一个作品的每个部分如果都采用相同的色相对比，其结果将十分枯燥或者令人眼感到疲劳。例如图 7-58 方框 1 中所示的植物色相采用互补色对比，而方框 2 中则采用同类色对比。此外，园林设计还要考虑周边的环境，推敲基地内的色相如何与环境的色相相协调。

▲ 图 7-58　纽约高线公园色相分析　作者：高　钰

如图 7-58 方框 3 中，与方框 2 相同的植物配置，但和周边的建筑放在一起，则显示出对比色的效果。

　　图 7-59 为水彩绘制的园艺小品，以白色（无色彩体系）的自行车为骨架；对比色组合的花材，搭配相似色的花器与南瓜；最后同绿色的叶片共同呈现出一派欢乐、浪漫的情调。而图 7-60 则采用简单的相似色，描绘花艺展览结束后，花卉移走、花器散乱的场面。

▲ 图 7-59　色相对比在花艺设计中的运用　作者：高　钰

▲ 图 7-60　纯度对比在花艺设计中的运用　作者：高　钰

　　图 7-61 由上至下分别以高长调、高短调、低长调的明度对比，对上海淀山湖畔小木船进行写生。由于夏日晴朗的天气会呈现高长调的对比效果，因此上图最接近实景；而中图与下图由于改变了现实景象的明度，而显示出一种幻境效果。

▲ 图 7-61　明度对比在写生中的运用　作者：高　钰

园林实训 4：立体构成在园林中的运用

➤ 实训任务书

● 选取某园林或者其中一部分，对其进行空间采集。简化实物的细节，用模型的形式表达其基本空间形态。

● 材料不限，可选用 KT 板、纸板或雪弗板等。

➤ 实训范例

图 7-62 为空间采集立体构成范例。

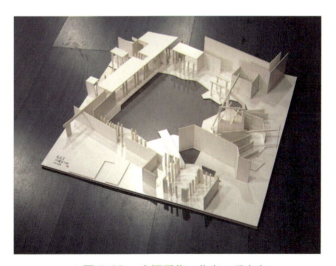

▲ 图 7-62　空间采集　作者：毛立文

［1］奥列佛.奥列佛风景速写教学［M］.杨径青，杨志达，译.南宁：广西美术出版社，2014.

［2］梅利什.水彩画工作室［M］.郭莹，译.北京：北京美术摄影出版社，2012.

［3］周宏智.建筑美术水彩［M］.北京：中国电力出版社，2012.

［4］邓蒲兵.景观设计手绘表现［M］.上海：东华大学出版社，2012.

［5］焦岚，王一帆.人类认知规律对教育的促进机制研究［J］.学术论丛，2020（01）：276-279.

［6］周欣.基于科学思维特征的园林美术教学新观念研究［J］.美术教育研究，2021（05）：98-99.

［7］杜紫红，李每娥.依托想象能力，促形象思维高阶发展［J］.福建教育，2021（49）：54-55.

［8］哈佛委员会.哈佛通识教育红皮书［M］.李曼丽，译.北京：北京大学出版社，2010.